全国电子商务类人才培养系列教材

Photoshop

网店美工视觉设计实战

全彩微课版

张璐 王婷婷 / 主编

郭利民 胡一波 陈玫 / 副主编

人民邮电出版社

北 京

图书在版编目（CIP）数据

Photoshop CC网店美工视觉设计实战：全彩微课版 / 张璐，王婷婷主编. -- 北京：人民邮电出版社，2023.1（2023.1重印）
全国电子商务类人才培养系列教材
ISBN 978-7-115-59740-3

Ⅰ．①P… Ⅱ．①张… ②王… Ⅲ．①图像处理软件—教材 Ⅳ．①TP391.413

中国版本图书馆CIP数据核字(2022)第125675号

内 容 提 要

本书基于Photoshop CC 软件，从网店美工的角度出发，结合大量实际案例讲解了网店页面视觉设计与装修的相关知识。全书共10章，涵盖网店美工必备的各项知识与技能，主要内容包括网店美工基础知识、商品图片基本处理、商品图片后期处理、网店首页视觉设计、商品详情页视觉设计、网店装修、推广图的设计与制作、视频的设计与制作、移动端网店的视觉设计与装修等，最后通过综合案例对所学知识进行融会贯通。本书结构清晰，图文并茂，可有效提升读者的网店页面视觉设计与装修能力，加强读者的职业技能和职业素养。

本书提供PPT课件、教学大纲、电子教案、扩展资源、素材文件、题库、效果文件等资源，用书教师可登录人邮教育社区免费下载。

本书可作为电子商务专业相关课程的教材，也可以作为有志于或正在从事网店美工相关职业的人员的学习和参考用书。

◆ 主　　编　张　璐　王婷婷
　　副主编　郭利民　胡一波　陈　玫
　　责任编辑　孙燕燕
　　责任印制　李　东　胡　南

◆ 人民邮电出版社出版发行　　北京市丰台区成寿寺路 11 号
　　邮编　100164　电子邮件　315@ptpress.com.cn
　　网址　https://www.ptpress.com.cn
　　北京宝隆世纪印刷有限公司印刷

◆ 开本：700×1000　1/16
　　印张：13.75　　　　　　　　2023 年 1 月第 1 版
　　字数：266 千字　　　　　　 2023 年 1 月北京第 2 次印刷

定价：69.80 元

读者服务热线：(010)81055256　印装质量热线：(010)81055316
反盗版热线：(010)81055315
广告经营许可证：京东市监广登字 20170147 号

前言
FOREWORD

　　伴随着线上购物、线上产业的发展，网店的页面设计越来越受到重视，美观的网店页面不仅可以快速吸引消费者的注意力，引导消费者在网店中进行购物，还能提高网店的销售业绩，使网店获得更大的竞争优势。因此，电子商务行业对网店美工的需求越来越大。为此，编者特地组织并编写了本书。

　　本书旨在结合网店美工的职业素养、技能素养，融合营销思维和设计思维，详细讲解网店页面的设计与制作方法，从而培养并提高读者对网店页面的设计能力，帮助读者胜任网店美工这一岗位。

　　本书特色如下。

　　（1）内容丰富，结构合理

　　本书首先明确了网店美工的工作范畴和技能要求，其次介绍了各项设计的基础知识和 Photoshop 图像处理软件，然后按照网店美工的工作内容，一步步地介绍商品图片的基本处理和后期处理、网店页面的设计与装修、推广图的设计与制作、视频的设计与制作、移动端网店视觉设计与制作等知识，内容全面、讲解清晰。同时，全书基本按照"设计知识＋案例实操"的结构进行编写，理论联系实际，便于读者快速掌握网店美工的工作技能。

　　（2）案例丰富，实践性强

　　本书结合网店美工岗位的实际需求进行设计，知识讲解与实例分析同步进行，案例丰富、实用；1~9 章还设计了"实战演练"和"课后练习"模块，以加强读者对知识的理解与运用。

（3）立德树人，提升个人素养

本书本着立德树人的目标，在正文中设置了"设计素养"模块，力争培养读者的正确设计理念，进而提升他们的个人素养。

（4）教学资源丰富

本书配有二维码，这些二维码的内容是对书中知识的说明、补充和扩展，可以帮助读者进一步理解网店美工视觉设计的相关知识。读者扫描二维码便可以直接查看。

本书还提供了配套的教学视频、素材和效果文件、PPT课件、教学大纲、网店设计常用素材、网店装修精美案例、网店装修代码等资源，用书教师可登录人邮教育社区（www.ryjiaoyu.com）免费下载。

本书由张璐、王婷婷担任主编，郭利民、胡一波、陈玫担任副主编。在编写本书的过程中，编者得到了众多皇冠店主的支持，在此表示衷心的感谢。由于编者水平有限，书中难免存在不足之处，欢迎广大读者批评指正。

编者

2022 年 5 月

目录
CONTENTS

第 **1** 章

网店美工基础知识

　　网店美工主要负责网店页面的美化工作，包括商品图片的处理、优化，首页和详情页的设计与装修，推广图的设计与制作，视频的设计与制作等，从而帮助商家宣传商品信息，塑造品牌形象，提高网店的市场竞争力。一名优秀的网店美工，除了需要了解网店美工的工作范畴和技能外，还需要掌握一些设计基础知识，并能够熟练使用Photoshop图像处理软件。

⊙ 技能目标

● 熟悉网店美工的工作范畴。

● 掌握网店美工的设计要点。

● 掌握Photoshop图像处理软件
　的操作方法。

⊙ 素养目标

● 培养读者对网店美工相关内容的学
　习兴趣。

● 提升读者的职业素养。

案例展示

1.1 网店美工概述

只有充分认识网店美工，了解网店美工的工作范畴、视觉设计注意问题和技能要求等知识，读者才能为后面学习网店美工视觉设计奠定基础。

↘ 1.1.1 网店美工的工作范畴

网店美工的工作范畴比较广泛，主要包括美化图片、设计页面、装修网店、设计推广图、制作视频等。

● 美化图片：图片是网店商品的主要展现形式，拍摄的商品图片可能因为各种问题不能直接上架，需要网店美工对图片进行处理和美化，具体包括改变尺寸大小、调整颜色、输入文本、绘制形状等，从而提高图片的视觉效果，增强对消费者的吸引力。图1-1所示为调整图片颜色的前后效果。

图1-1 调整图片颜色的前后效果

● 设计页面：设计页面需要网店美工具备页面布局、色彩搭配、创意输出等能力，以及良好的审美观与扎实的美术功底，能独立完成网店首页、商品详情页的设计。网店美工设计出具有视觉吸引力的页面，可以吸引消费者的注意力，增加网店商品的销量。图1-2所示为两家灯具网店的首页对比，左侧首页从色彩搭配、文字展示上体现了网店的风格，而右侧首页只是在展现商品，缺少设计感，与左侧首页相比吸引力不足。

图1-2 两家灯具网店的首页对比

● 装修网店：页面设计完成后，网店美工需要对设计的店铺页面进行装修。网店美工在装修时应先在店铺中添加图片轮播、全屏轮播、宝贝推荐、自定义区等模块，然后编辑模块，从而快速完成网店店招、导航条、轮播海报等的装修。但是由于模块的尺寸较为固定，为了增加美观性，网店美工还可采用模块与代码相结合的方法进行装修。图1-3所示为网店的部分模块和网店首页的部分装修效果。

图1-3　网店的部分模块和网店首页的部分装修效果

● 设计推广图：推广就是企业通过各种媒体让更多的消费者了解、接受自己的商品、服务、技术等内容，从而达到宣传的目的。对网店美工来说，推广主要是通过图片将店铺的商品、品牌、服务等传达给消费者，加深网店在他们心中的印象，从而获得认同感。而由于企业的推广活动、推广手段不同，推广图的制作要求不同，图片的尺寸大小有很多限制，因此，网店美工需要在现有的标准下及时有效地向消费者表达设计的意图，体现商品的价值。同时，商品文案的编写也需要言之有据，让消费者能够快速理解，并使其产生深刻的印象。图1-4所示为淘宝直通车推广图。

图1-4　淘宝直通车推广图

● 制作视频：视频是网店美工视觉设计中不可或缺的一部分。网店美工可通过视频在主图、详情页和首页中展现店铺的文化、商品制作工艺、商品使用方法等，以便消费者了解网店或商品详情。图1-5所示为某商品的主图视频。

图1-5　某商品的主图视频

1.1.2　网店美工视觉设计注意问题

网店美工在进行视觉设计时应注意一些问题，从而更好地扬长避短，突出商品卖点。

- 思路清晰：在进行视觉设计前，网店美工需要有一个明确的思路，即确定一个"大框架"，在该框架中标明网店主要卖什么、商品有什么特点，可以选择哪些元素进行装修等，让其不但可以吸引消费者注意力，而且能将商品真实地展现在消费者面前。

- 风格与形式相统一：视觉设计不但要进行合理的色彩搭配，还要统一图片、首页和详情页的风格，因此要注意页面风格的定位和设计素材的选择。

- 做好前期准备：网店的视觉设计往往需要提前1~2个月准备。网店美工应提前准备需要的文字、图片或视频资料，保证设计工作顺利进行。

- 突出主次：在页面的设计与制作过程中，网店美工切忌为了追求美观的视觉效果而过度美化网店，从而使商品图片不突出，或掩盖了网店的风格和商品的卖点。

1.1.3　网店美工的技能要求

一名合格的网店美工，除了要能够熟练使用Photoshop、Animate、Dreamweaver等设计与制作软件外，还需要具备较强的美术功底和审美能力，以及丰富的想象力、创造力，并且要熟悉简单的代码操作，具有良好的文字功底，能够写出突出商品亮点的广告文案。一个能突出商品亮点的广告文案不仅能打动消费者，还能展示商品的优势。因此，优秀的网店美工不仅需要具有强大的专业技能，还要懂得如何将良好的营销思维运用到视觉设计中，以及具有良好的沟通理解能力和团队合作意识。

设计素养：

　　一名优秀的网店美工，除掌握基本的技能要求外，还需要做到以下3点：①不断提高自己的专业技能；②突破当前专业领域，接触多元化的设计，保持设计思维的灵敏性；③保持好奇心，时刻激发灵感，提高设计效果的创意性。

1.2 网店美工必须掌握的设计要点

　　网店美工在了解了工作范畴和技能要求后，还需要掌握设计要点，这样设计出的页面效果才能更加美观。网店美工必须掌握的设计要点主要涉及：点、线、面；色彩搭配；文字；构图与布局4个方面。

1.2.1 认识点、线、面三大设计元素

　　点、线、面是视觉设计中最基本的三大要素，三者结合使用，能够呈现丰富的页面视觉效果。

1. 点

　　点是可见的最小形式单元，可以使画面显得合理舒适、灵动且富有冲击力。点的表现形式丰富多样，既包含圆点、方点、三角点等规则的点，又包含锯齿点、雨点、泥点、墨点等不规则的点。点没有一定的大小和形状，画面中越小的形状越容易给人点的感觉，如漫天的雪花、夜空中的星星、大海中的帆船和草原上的马等。点既可以单独存在于画面之中，也可组合成线或者面。

　　点的大小、形态、位置不同，所产生的视觉效果、心理作用也不同。图1-6所示的左图为点的表现形式之一，右图为一款拖把的促销海报，它将圆点排列成不同的污渍，很好地体现了拖把的功能。

图1-6　点的展示效果

2. 线

　　线在视觉形态中可以表现为长度、宽度、位置、方向，具有刚柔并济、优美和简洁的特点。线可分为水平线、垂直线、斜线和曲线，不同形态的线所表达的情感是不同的，直线单

纯、大气、明确、庄严；曲线柔和流畅、优雅灵动；斜线具有很强的视觉冲击力，可以展现活力四射的效果。图1-7所示的左图为斜线素材，右图综合运用各种线条，使画面更具有视觉冲击力，从而突出显示图中的文字和商品。

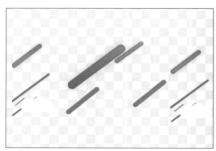

图1-7　线的展示效果

3. 面

点放大后即为面，通过线的分割所产生的空间也可以称为面。面有长度、宽度，有方向位置等特性，能够起到组合信息、分割画面、平衡和丰富空间层次、烘托与深化主题的作用。图1-8所示为面的展现效果，使用不同的立体面可使海报显得更具有立体感。

图1-8　面的展现效果

1.2.2　色彩的搭配

色彩的搭配是一门艺术，灵活运用色彩能使消费者对商品产生深刻的印象，因此掌握色彩搭配的技巧是做好网店视觉设计的基础。

网店视觉设计的黄金比例为"70∶25∶5"，即主色占总版面的70%，辅助色占25%，点缀色占5%。网店视觉设计的配色流程为：先根据网店风格、类目选择主色，然后根据主色选择搭配的辅助色与点缀色，用于突出重点、平衡视觉效果。图1-9所示为主色、辅助色与点缀色的应用案例。

色彩的属性与对比

图1-9　主色、辅助色与点缀色的应用案例

主色、辅助色与点缀色是3种具有不同功能的颜色。

- 主色：画面中占用面积最大的颜色，也是视觉设计中的主要颜色，它决定了整个画面的风格。主色不宜过多，一般控制在1~3种颜色，过多容易造成视觉疲劳。主色需要根据商品特征或消费者群体有目的地选择。

- 辅助色：画面中占用面积略小于主色，主要用于烘托主色的颜色。在视觉设计中，通常采用辅助色为主色的相似色。合理应用辅助色能丰富页面的色彩，使画面更加完整、美观。

- 点缀色：画面中占用面积小、色彩比较醒目的一种或多种颜色。在视觉设计中，通常点缀色为与主色相比对比度较高的颜色。合理应用点缀色可以起到画龙点睛的作用，并且还能使画面主次分明、富有变化。

1.2.3　文字的字体与布局

合理的色彩搭配可以使画面变得生动，而合理的文字搭配能够增强视觉传达效果，更直观地向消费者阐述商品的详细信息，引导消费者浏览与购买商品。在进行视觉设计时，网店美工还需要根据不同的需求选择合适的字体，从而充分体现页面所要表达的主题。

1. 字体的特征

不同的字体具有不同的特征，网店美工在选择字体时需要根据商品的特征来选择对应的字体。

- 宋体：宋体是网店视觉设计中应用较为广泛的字体。宋体笔画横细竖粗，结束点有额外的装饰部分，且外形纤细优雅，能体现浓厚的文艺气息，适合用于标题设计。其中，"方正大标宋"字体不仅具有宋体的秀美特征，还具备黑体的醒目性，经常被用于目标群体为女性的商品宣传图设计中。此外，书宋、大宋、中宋、仿宋、细仿宋等也是常用的宋体字体系列。图1-10所示为宋体在家装海报中的应用。

图1-10　宋体在家装海报中的应用

经验之谈：

在鲜花类、珠宝配饰类、护肤品类等以女性消费者为主体的视觉设计中，常采用纤细秀美、时尚、线条流畅、有粗细变化的字体，如宋体、方正中倩简体、方正纤黑简体、张海山悦线简体、方正兰亭黑简体等。

● 黑体：黑体笔画粗细一致，粗壮有力、突出醒目，具有强烈的视觉冲击力，商业气息浓厚，常用于促销广告、导航条，或车、剃须刀、重金属、摇滚、竞技游戏、足球等目标群体为男性的商品宣传图的设计中。常见的黑体样式包括粗黑、大黑、中黑、雅黑等。图1-11所示为黑体在家居海报中的应用。

图1-11　黑体在家居海报中的应用

● 书法体：书法体包括楷体、叶根友毛笔行书、篆书体、隶书体、行书体和燕书体等。书法体具有古朴秀美、历史悠久的特征，常用于古玉、茶叶、笔墨、书籍等古典气息浓厚的商品宣传图设计中，如图1-12所示。

图1-12　书法体的应用

- 美术体：美术体具有明显的艺术特征，具有活泼、可爱、肥圆、调皮等艺术特征，如汉仪娃娃篆简、方正胖娃简体、方正少儿简体、滕祥孔淼卡通简体等字体，多用于零食、玩具、童装、点读机、卡通漫画等目标群体为儿童的商品宣传图设计中。此外，美术体还指将文本的笔画涂抹变形，或用花瓣、树枝等拼凑成各种图形化的字体，具有较强的装饰作用，主要用于海报的设计，可有效提升网店的艺术品位，如图1-13所示。

图1-13 美术体的应用

2. 文字的布局技巧

文字的布局在画面空间、结构、韵律上都很重要，可以使画面效果更加美观。

- 字体的选用与变化：网店美工在文字的使用过程中应注意字体样式不能过多，一般选择2~3种匹配度较高的字体即可呈现较好的视觉效果，要避免因字体过多而使页面凌乱、缺乏整体性，这样容易分散消费者的注意力，使其产生视觉疲劳。另外，网店美工可考虑通过加粗、变细、拉长、压扁或调整行间距等操作来变化字体，使文字产生丰富的视觉效果。

- 文字的统一：网店美工在编排文字时，需要把握文字的统一性，使文字的字体、粗细、大小和颜色在搭配组合上具有一定的关联性，使文字不会松散杂乱。

- 文字的层次布局：在网店视觉设计中，文案的显示并非简单的文字堆砌，而是有层次的。网店美工通常会按重要程度设置文本的显示级别，引导消费者按顺序浏览文案。在此情况下，文案应先展示该商品所强调的重点。在编排文字时，网店美工可利用字体、粗细、大小与颜色的对比来设计文本的显示级别。如图1-14所示，首先通过白色大字号文字与标签突出"天猫3·8节预售"的主题，然后搭配红色底纹，接着使用白色文字强调预售已经开始，并用较小的白色文字显示其他信息。

图1-14 文字的层次布局

1.2.4 构图与布局

合理的构图与布局能让网店页面效果更加符合消费者的审美，也更能凸显网店中的商品。

1. 视觉构图

视觉构图是指画面中的各元素通过一定的方式构成一个协调完整的画面。不同的视觉构图方法会给消费者带来不同的视觉感受。

● 中心构图：在画面中心位置放置主元素，如商品或促销文案。这种构图方法给人稳定、端庄的感觉，可以产生中心透视感，如图1-15所示。

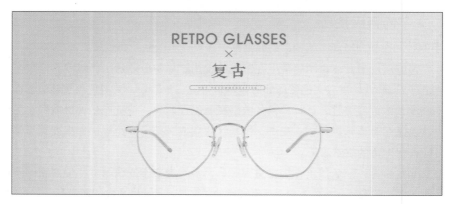

图1-15 中心构图

● 九宫格构图：用网格将画面平均分成9个格子，在4个交叉点中选择一个点或者两个点作为画面主元素的位置，同时还应适当考虑其他点的平衡与对比等因素。这种构图方法富有变化与动感，是常用的构图方法之一，如图1-16所示。

● 对角线构图：使画面主元素居于画面的斜对角位置，能够更好地表现画面的立体效果。与中心构图相比，这种构图方法打破了视觉平衡，具有活泼生动的特点，如图1-17所示。

● 三角形构图：以3个视觉中心为主要位置，形成一个稳定的三角形。该三角形可以是正三角，也可以是斜三角或倒三角，其中斜三角较为常见，也较为灵活。这种构图方法具有稳定、均衡但不失灵活的特点，如图1-18所示。

图1-16　九宫格构图

图1-17　对角线构图

图1-18　三角形构图

2. 画面布局的原则

一个完整的画面中有很多不同的元素，为了合理地布局这些元素，使消费者得到舒适的视觉体验，网店美工在进行画面布局时需要遵循以下原则。

● 主次分明、中心突出：视觉中心一般在画面的中心位置或中部偏上的位置。网店美工将网店促销信息或主推款商品等重要信息安排在最佳的视觉位置，容易迅速吸引消费者注意力。而在视觉中心以外的地方可以安排次要的内容，这样可以在画面上突出重点，做到主次分明。

● 大小搭配、相互呼应：当展示多个商品时，网店美工可通过大小搭配的方式使画面错落有致。

● 区域划分明确：合理、清晰地划分区域可以引导消费者快速找到自己的目标商品。

● 简洁与一致性：保持画面的简洁与一致性是画面布局的基础，如标题醒目，文字字体、颜色搭配得当，画面中的文本、商品与图形、标题之间的留白大小一致等。

● 合理使用页面元素：画面中元素的选用要合理、精确，且元素在画面中的大小、间距与位置要合适。

● 布局丰满、应有尽有：布局丰满并非是所有模块的简单堆砌，而是将有必要的模块全部展示出来。除了商品常规模块外，网店页面还应包括收藏模块、客服模块、搜索模块等必备的模块，以全面展示店铺信息。

1.3 熟悉Photoshop图像处理软件

作为一个网店美工初学者，了解并掌握Photoshop的基本使用方法是进行其他操作的前提。下面将介绍Photoshop的基础知识，主要包括工作界面、设置和填充图像颜色、图层的基本操作和批处理商品图片等内容。

1.3.1 认识Photoshop工作界面

选择【开始】/【所有程序】/【Adobe Photoshop 2020】命令，启动Photoshop 2020，将打开图1-19所示的工作界面，该工作界面主要由菜单栏、标题栏、图像窗口、工具箱、工具属性栏、面板组、状态栏等部分组成。

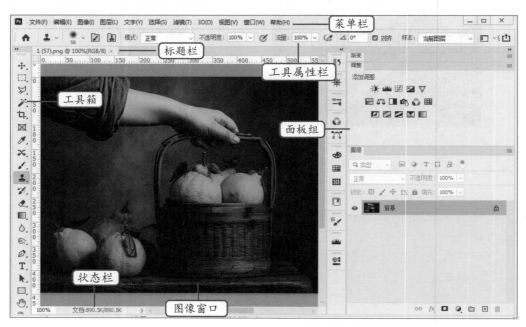

图1-19　Photoshop 2020工作界面

● 菜单栏：用于分类Photoshop中的所有操作，包括文件、编辑、图像、图层、文字、选择、滤镜、3D、视图、窗口、帮助共11个菜单，每个菜单项下内置了多个相关的命令。

- 标题栏：用于显示当前打开文件的名称，当打开多个文件时，文件将以选项卡的方式排列显示，以便用户切换、查看和使用。
- 图像窗口：浏览和编辑图像的主要场所，所有的图像处理操作都是在图像窗口中进行的。
- 工具箱：集合了绘制图像、修饰图像、创建选区、调整图像显示比例等工具按钮。若工具按钮右下角有黑色小三角形，表示该工具位于一个工具组中，在该工具按钮上按住鼠标左键不放，将显示隐藏的工具。
- 工具属性栏：当用户选择工具箱中的某个工具时，工具属性栏将变成该工具对应的工具属性栏，用户可在其中设置工具的相应参数。
- 面板组：默认显示在工作界面的右侧，是工作界面中非常重要的一个组成部分，用于选择颜色、编辑图层、新建通道、编辑路径、撤销编辑等操作。选择"窗口"命令，在打开的子菜单中选择相应的命令，可显示或隐藏对应的面板。
- 状态栏：位于图像窗口的底部，最左端可显示当前图像窗口的显示比例，在其中输入数值并按【Enter】键可改变图像的显示比例，之后在图像窗口中将会显示当前文件的新比例。

1.3.2　设置和填充图像颜色

网店美工可以根据需要设置前景色与背景色。其中，前景色是插入、绘制图形的颜色，默认为黑色；背景色是需要处理的图片底色，默认为白色。设置和填充图像颜色主要有以下4种操作。

- 设置前景色与背景色的颜色：当需要设置前景色与背景色时，单击工具箱底部前景色与背景色对应的色块，可以打开颜色设置的对话框，网店美工可在其中选择需要的颜色。图1-20所示为将黄色的前景色设置为绿色。

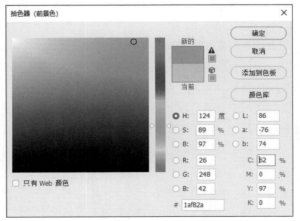

图1-20　将黄色的前景色设置为绿色

- 恢复默认前景色与背景色：在工具箱中，单击 按钮，可恢复为默认的前景色与背景色。

● 切换前景色与背景色：在工具箱中单击↕按钮，可使前景色与背景色互换。
● 填充选区：创建选区后，按【Ctrl+Delete】组合键可以用背景色填充当前选区，按【Alt+Delete】组合键可以用前景色填充当前选区。

1.3.3 图层的基本操作

图层的层与层之间是叠加的，若上面图层无内容，则可以透过上面的图层看到下面图层的内容；若上面图层有内容，则会遮挡下面的内容，网店美工可通过图层的叠加丰富画面内容。图层的基本操作主要是在"图层"面板中进行的，选择【窗口】/【图层】命令即可打开"图层"面板。图1-21所示为"图层"面板的组成和常用操作。例如，选择图层后，在"图层"面板上方的下拉列表框中可设置图层的混合模式与不透明度；拖动图层的位置可移动图层的堆叠顺序；单击对应的按钮可以完成图层的新建、删除、显示/隐藏、锁定、链接以及添加图层样式、添加图层蒙版等操作。

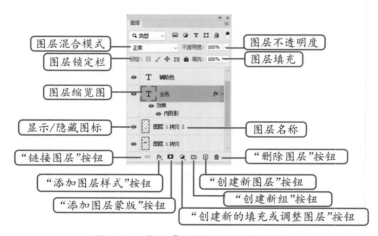

图1-21 "图层"面板的组成和常用操作

此外，常用的图层操作还包括以下3种。

● 复制图层：单击选中相应图层，按【Ctrl+J】组合键可在该图层上方得到复制的新图层；在该图层上按住鼠标左键，拖动图层至"创建新图层"按钮▣上，当释放鼠标左键后也可复制该图层。
● 合并图层：先选择两个或两个以上要合并的图层，然后选择【图层】/【合并图层】命令或按【Ctrl+E】组合键可将多个图层合并为一个图层。选择【图层】/【合并可见图层】命令，或按【Shift+Ctrl+E】组合键将合并可见的图层，而其中隐藏的图层不会被合并。
● 利用图层组管理图层：当图层较多时，可使用图层组分类管理图层，方便用户后期查找与修改。选择图层，按【Ctrl+G】组合键可以将选中的图层移动到图层组中，双击图层组名称或图层名称可重命名图层组或图层；也可单击"创建新组"按钮▢新建图层组，然后将图层拖动到该图层组中。

1.3.4　批处理商品图片

网店美工为了避免商品图片被盗用，往往会为商品图片添加水印，但一张张为商品图片添加水印过于烦琐，此时可使用Photoshop的批处理功能。在批量添加水印前需要先制作水印，然后使用批处理快速添加水印，具体操作如下。

微课：批处理商品图片

步骤 01 选择【文件】/【新建】命令，打开"新建文档"对话框，在名称文本框中输入"水印"，在宽度和高度下方的文本框中分别输入"600"，设置单位为"像素"，设置分辨率为"72"，单位为"像素/英寸"，背景内容为"透明"。单击 [创建] 按钮，如图 1-22 所示。

图1-22　新建文件

步骤 02 在工具箱中选择"横排文字工具" T ，打开"字符"面板，设置字体为"方正超粗黑简体"，字号为"72 点"，字距为"200"，颜色为"黑色"，字形为"平滑"，在图像窗口的中间位置输入"利来家具"文本，如图 1-23 所示。

图1-23　输入文字

步骤 03 按【Ctrl+T】组合键打开变换框，在文字周围按住鼠标左键不放并拖动鼠标，将文字向右上方旋转，旋转完成后释放鼠标，按【Enter】键完成变形操作，如图 1-24 所示。

图1-24　旋转文字

步骤 04 打开"图层"面板，在下方单击"添加图层样式"按钮 fx ，在打开的下拉列表中选择"描边"选项。打开"图层样式"对话框，设置大小为"5"，颜色为"#d0cfcb"，单击 [确定] 按钮，如图 1-25 所示。

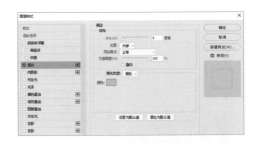

图1-25　设置描边参数

步骤 05 返回图像窗口，在"图层"面板中设置填充为"0%"，不透明度为"50%"，此时文字将只有淡淡的痕迹，方便显示在图片上，如图1-26所示。

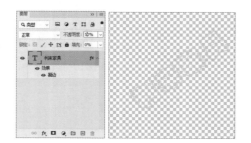

图1-26　设置填充和不透明度

步骤 06 选择【编辑】/【定义图案】命令，打开"图案名称"对话框，在"名称"文本框中输入图案名称，这里输入"水印"，单击 确定 按钮，完成水印的制作，如图1-27所示。

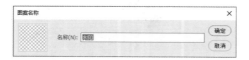

图1-27　输入图案名称

步骤 07 将需要添加水印的图片存放在同一个文件夹中（配套资源:\ 素材 \ 第1章 \ 家具图片 \），使用 Photoshop 打开第一张图片"1.jpg"，选择【窗口】/【动作】命令，或按【Alt+F9】组合键打开"动作"面板，单击"动作"面板下方的"创建新动作"按钮 ，如图1-28所示。

图1-28　打开素材和"动作"面板

步骤 08 打开"新建动作"对话框，将

动作的名称修改为"添加水印"后，单击 记录 按钮，如图1-29所示。此时"动作"面板中就会出现一个名称为"添加水印"的新动作,并且下方的"开始记录"按钮 处于激活状态。

图1-29　新建动作

步骤 09 选择【编辑】/【填充】命令，打开"填充"对话框，在"内容"栏中选择"图案"选项，在"自定图案"栏中选择添加的水印图案，单击 确定 按钮，如图1-30所示。

图1-30　选择水印图案

步骤 10 按【Ctrl+S】组合键保存处理后的图片。保存完成后，单击"动作"面板下方的"停止播放 / 记录"按钮 完成动作的记录，如图1-31所示。

图1-31　完成动作记录

步骤 11 选择【文件】/【自动】/【批处理】命令，打开"批处理"对话框，在"动作"下拉列表框中选择"添加水印"选项，再在"源"和"目标"下拉列表框中选择"文件夹"选项，分别单击 选择(C)... 按钮，选择批量添加水印的图片文件所在的文件夹和处理结果文件夹，如图1-32所示，单击 确定 按钮。

图1-32 设置批处理

步骤 12 设置完成后，Photoshop 会自动导入和修改所设置文件夹中所有图片的尺寸，处理完成后，所有图片都将被添加水印，如图1-33所示（配套资源:\效果\第1章\家具图片\）。

图1-33 批处理效果

经验之谈：

在"目标"下拉列表框中选择"储存并关闭"选项，则原来位置的图片将被覆盖，源文件将丢失。

设计素养：

网店美工必须树立正确的创作意识，不随意抄袭、盗取他人的劳动成果，始终保持原创精神和思维的创新。网店美工可以在日常生活和工作中扩大知识储备量，从多角度思考问题，不断锻炼自己的思维创造力，为成为一名优秀的视觉设计大师而不断努力。

1.4 实战演练——制作促销标签

为了增加网店中商品的吸引力，商家决定制作促销标签，并将该标签应用到商品图片上方，快速吸引消费者注意力。商家在设计促销标签时，以红色为主色调（为容易抓住消费者眼球），然后添加活动文字展示商品信息。促销标签效果和使用标签后的效果如图1-34所示。

图1-34 促销标签效果和使用标签后的效果

1. 设计思路

制作促销标签的设计思路如下。

（1）策划。根据活动信息，策划标签的形状和内容。

（2）设计标签。为了体现活动氛围，设置标签的主色调为红色，然后添加文字，烘托促销氛围。

（3）制作标签。使用Photoshop新建、打开和保存图像文件，然后使用"横排文字工具" T 、"多边形工具" ⬡ 、"钢笔工具" ✐ 等制作标签。

2. 知识要点

完成本例的制作需要掌握以下知识。

（1）新建、打开、保存图像文件。

（2）"横排文字工具" T 、"多边形工具" ⬡ 、"钢笔工具" ✐ 等的使用。

微课：制作促销标签

3. 操作步骤

下面制作促销标签，具体操作如下。

步骤 01 在"开始"菜单中选择"Adobe Photoshop 2020"命令，启动 Photoshop 2020。选择【文件】/【新建】命令，打开"新建文档"对话框，设置名称为"促销标签"，宽度和高度均设置为"800 像素"，其他属性保持默认设置，单击 创建 按钮，如图 1-35 所示。

图1-35　新建文件

步骤 02 选择"多边形工具" ⬡ ，在工具属性栏中设置边为"12"，单击"设置"按钮 ⚙ ，在打开的面板中单击选中"星形"复选框，并设置"缩进边依据"为"20%"，在图像窗口中拖动鼠标绘制一个 300 像素 ×300 像素的多边形，效果如图 1-36 所示。

图1-36　设置并绘制多边形

步骤 03 在工具属性栏中单击"填充"栏后的色块，在打开的面板中单击"渐变"按钮 ▧ ，双击色标打开"拾色器（色标）"对话框，设置渐变颜色为"#ff0000"～"#edda70"，取消描边，如图 1-37 所示。

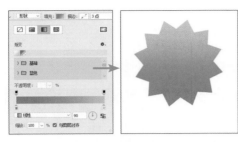

图1-37　设置渐变填充

步骤 04 在"图层"面板中选择刚才绘制的多边形图层，按【Ctrl+J】组合键复制该图层。

步骤 05 选择复制的多边形图层，在工具属性栏中取消填充，设置描边颜色为"白色"，描边宽度为"5 点"，先按【Ctrl+T】组合键打开变换框，再按住【Alt】键并拖动变换框四角的控制点缩小多边形，效果如图1-38所示。

步骤 06 选择"多边形 1 拷贝"图层，按【Ctrl+J】组合键复制该图层，在工具属性栏中设置描边选项为第 3 项，描边宽度为"2 点"，使用相同的方法缩小多边形，效果如图1-39所示。

图1-38　设置多边形　　图1-39　调整多边形

步骤 07 选择"横排文字工具" ，在工具属性栏中设置字体、字体大小、颜色分别为"方正兰亭大黑简体、72 点、白色"，输入"热销"文本，继续输入"HOT

SALE"文本，更改字号为"18 点"，调整位置，效果如图1-40所示。

步骤 08 选择"钢笔工具" ，设置填充颜色为"白色"，在文本上方绘制皇冠形状，如图1-41所示。

图1-40　输入文本　　图1-41　绘制皇冠形状

步骤 09 单击"背景"图层前面的"显示／隐藏"图标 ，隐藏该图层，效果如图1-42所示。

图1-42　隐藏图层

步骤 10 按【Ctrl+S】组合键打开"存储为"对话框，在"格式"下拉列表框中选择"PNG（*.PNG；*.PNG）"选项，单击 保存(S) 按钮。保存文件完成制作（配套资源:\效果\第 1 章\促销标签 .png）。此时，用户可打开需要添加标签的商品图片，将其添加到商品图片的左上角。

课后练习

（1）图1-43所示为不同店铺的商品海报，请对海报的字体风格、构图与布局进行分析。

图1-43　不同店铺的商品海报

（2）图1-44所示为某网店的店铺首页，请对该首页的设计元素、色彩搭配、字体搭配、布局等进行分析。

图1-44　某网店的店铺首页

第 2 章

商品图片基本处理

　　拍摄的商品图片常常会出现尺寸不符、色调与商品本身存在偏差等问题，此时网店美工需要调整商品图片的尺寸，或校正商品图片的颜色，使其更接近商品本身的颜色。除此之外，网店美工还需要掌握商品图片特殊效果的处理方法，如调整商品图片质感、虚化商品图片背景等，使商品能够突出显示。

⊙ 技能目标

- 掌握修改与校正商品图片的方法。
- 掌握调整商品图片色调的方法。
- 掌握商品图片特殊效果的处理方法。

◎ 素养目标

- 培养读者对不同色调的把控能力。
- 培养读者识色、辨色的能力。

案例展示

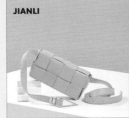

2.1 修改与校正商品图片

　　由于各平台对商品图片的尺寸都有相应的规定，因此拍摄出来的商品图片可能会因为尺寸不符合而无法用来装修店铺。此时，网店美工就需要修改商品图片的尺寸、矫正变形的商品图片。

↘ 2.1.1 修改商品图片尺寸

　　由于网店中不同位置对应的商品图片尺寸不同，为了使拍摄的商品图片能在不同位置使用，网店美工需要对商品图片尺寸进行修改，如商品主图的尺寸一般为800像素×800像素，因而要直接使用拍摄的商品图片作为主图，就需要先设置图片的宽度或高度为800像素，再通过裁剪工具将其裁剪为1:1的比例大小，具体操作如下。

微课：修改商品
图片尺寸

步骤 01 启动 Photoshop，在欢迎页中单击 拼 按钮，打开"打开"对话框，选择"女包.jpg"素材文件（配套资源:\素材\第2章\女包.jpg），单击 打开(O) 按钮，如图 2-1 所示。

图2-2 查看打开的女包图片

图2-1 选择商品图片

步骤 02 返回图像窗口，查看打开的女包图片，如图 2-2 所示。

步骤 03 选择【图像】/【图像大小】命令，打开"图像大小"对话框，设置"宽度"数值为"800"，单位为"像素"，单击 确定 按钮，如图 2-3 所示。

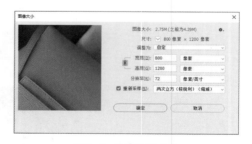

图2-3 调整图像大小

步骤 04 选择"裁剪工具" 📷，在工具属性栏的"裁剪方式"下拉列表框中选择"1:1（方形）"选项，如图 2-4 所示。

步骤 05 此时，图像窗口将显示裁剪位

置，将鼠标指针移动到保留的图片区域边缘，按住鼠标左键不放，拖动调整需保留的图片区域，如图 2-5 所示。

图2-4　选择裁剪比例　图2-5　选择裁剪区域

步骤 06 按【Enter】键完成裁剪，完成后按【Ctrl+S】组合键保存图像，如图 2-6 所示（配套资源：\ 效果 \ 第2章 \ 女包 .jpg）。

图2-6　完成裁剪操作后的效果

经验之谈：

裁剪图片时，在工具属性栏中可直接输入裁剪后的大小，也可在"裁剪方式"下拉列表中选择"大小和分辨率"选项，在打开的对话框中输入裁剪后图片的高度、宽度与分辨率。

2.1.2　校正变形的商品图片

为了使商品图片更美观，网店美工在拍摄商品时往往会选择不同的角度进行展现，因此可能导致商品图片变形，此时可校正该商品图片，如使用透视裁剪工具调整倾斜度，再使用裁剪工具调整商品图片的尺寸等，具体操作如下。

微课：矫正变形的
商品图片

步骤 01 打开"戒指 .jpg"素材文件（配套资源：\ 素材 \ 第 2 章 \ 戒指 .jpg），如图 2-7 所示。从图 2-7 中可以看到，拍摄的商品图片存在挤压和变形的情况。

单击图片的四角创建透视网格，根据透视学原理调整裁剪框的控制点，使裁剪框的虚线与物品的边缘平行，如图 2-8 所示。

图2-7　打开戒指素材

步骤 02 选择"透视裁剪工具" □，分别

图2-8　矫正透视图

步骤 03 确定透视角度后按【Enter】键

完成透视裁剪，效果如图2-9所示。

图2-9　透视裁剪效果

步骤 04 选择"裁剪工具" 📐，在工具属性栏的"裁剪方式"下拉列表框中选择"1×1方形"选项，此时画布中将出现正方形裁剪框，拖动四角的控制点调整裁剪框的大小，将鼠标指针移至裁剪框内，拖动鼠标调整裁剪框在图片中的位置，如图2-10所示。

图2-10　正方形裁剪图片

步骤 05 确定裁剪区域后按【Enter】键完成正方形裁剪，效果如图2-11所示。

图2-11　正方形裁剪图片效果

步骤 06 选择【图像】/【图像大小】命令，打开"图像大小"对话框，设置高度与宽度均为"800像素"，单击 确定 按钮，如图2-12所示。按【Ctrl+S】组合键保存文件，完成操作（配套资源:\效果\第2章\戒指.jpg）。

图2-12　更改图片大小

2.2 调整商品图片色调

网店美工在拍摄商品图片时，可能遇到商品图片昏暗、不够清晰、色彩不够艳丽等问题，此时网店美工可以调整图片的亮度、对比度、颜色等，提高商品图片的效果，从而增加商品图片对消费者的吸引力。

↘ 2.2.1　了解图片调色

合适的色彩无论对画面质量的提升还是情绪的渲染，都有着非同一般的效果。但在拍摄商品图片的过程中，由于摄影器材、环境等限制，拍摄的商品图片的色彩可能并不理想，会出现如图片太暗、商品偏色等问题，此时就需要对图片进行调色。如图2-13所示，左边的原片画面色彩饱和度过低，整体效果也很灰暗，而右边调整后的图片，由于提高了对比度与色彩饱和度，变得温馨起来，也更加突出了商品。

图2-13　调色前后的效果

为了使调色后的商品图片能够更加满足视觉设计的需要，在进行图片调色时，网店美工需要遵守一定的调色原则，以免做无用功。

- 从网店整体出发，确定商品图片的颜色风格：网店美工应根据网店的风格确定商品图片的颜色风格，但不能将某张商品图片调整得很有冲击力，与网店中的其他商品图片格格不入，最终因小失大，影响网店整体的美观性。
- 整体色调自然：网店美工应合理调整整体色调的色相、明度、纯度关系和面积关系等，使整体色调自然平衡。
- 调整图像偏色：对于明显偏色的图片，网店美工可以通过添加其他颜色，或通过增加该颜色的补色来减少该颜色的偏色程度。
- 抓住调色的重点色：重点色一般是图片中色调更强烈、与整体色调反差大、面积小的颜色，其作用是使画面整体配色平衡。网店美工可选用纯度较高的颜色如红、黄、橙等作为重点颜色。
- 分割色彩：使用白、灰、黑、金、银等中性色分割反差强烈的两种颜色，可以达到色彩的自然过渡效果。

微课：调整曝光不足的商品图片

↘ 2.2.2　调整曝光不足的商品图片

在拍摄商品图片时，由于打光不均，容易出现曝光不足、明暗关系不明显的情况，此时网店美工可调整商品图片的色调，如调整亮度/对比度、曲线和色阶等，具体操作如下。

步骤 01 打开"水杯 .png"素材文件（配套资源 :\ 素材 \ 第 2 章 \ 水杯 .png），如图 2-14 所示。从图 2-14 中可以看到整个商品图片色调偏暗、曝光不足。

图2-14　打开水杯素材

步骤 02 按【Ctrl+J】组合键复制图层。选择【图像】/【调整】/【亮度／对比度】命令，打开"亮度／对比度"对话框，设置亮度为"70"，对比度为"30"，单击 确定 按钮，如图 2-15 所示。

图2-15 调整亮度/对比度

步骤 03 选择【图像】/【调整】/【曲线】命令，打开"曲线"对话框，在曲线中段的上下端分别单击并拖动，调整图像亮部与暗部的对比度，如图 2-16 所示。

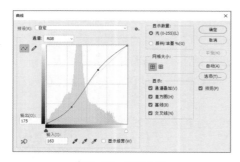

图2-16 调整曲线

📢 经验之谈：

　　打开商品图片，按【Ctrl+Shift+Alt+L】组合键可自动调整图片的对比度。
　　按【Ctrl+Shift+L】组合键可自动调整图片的色调。

步骤 04 单击 确定 按钮返回图像窗口，查看调整曲线后的效果，如图 2-17 所示。

图2-17 调整曲线后的效果

步骤 05 选择【图像】/【调整】/【色阶】命令，打开"色阶"对话框，在下方的数值框中分别输入"18""1.10""230"，如图 2-18 所示。

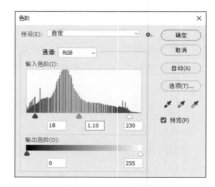

图2-18 调整色阶

步骤 06 单击 确定 按钮返回工作界面，调整色阶后的效果如图 2-19 所示。保存文件，完成操作（配套资源:\ 效果 \ 第 2 章 \ 水杯 .psd）。

图2-19 调整色阶后的效果

2.2.3 调整曝光过度的商品图片

商品图片除了存在曝光不足的情况外，还会出现曝光过度的情况。曝光过度的商品图片会存在光线对比强烈、商品边界不明显的情况，网店美工在调整图片时可先调整明暗度，再调整曝光度、对比度等，具体操作如下。

微课：调整曝光过度的商品图片

步骤 01 打开"化妆水图片.jpg"素材文件（配套资源:\素材\第2章\化妆水图片.jpg），如图2-20所示。从图2-20中可以看到，整个商品图片存在曝光过度、商品与背景过渡不明显的情况。

图2-20 打开化妆水素材

步骤 02 按【Ctrl+J】组合键复制图层。选择【图像】/【调整】/【曲线】命令，打开"曲线"对话框，在"通道"下拉列表框中选择"绿"选项，在曲线中段的下端单击并向上拖动，调整图像亮部，如图2-21所示。

步骤 03 在"通道"下拉列表框中选择"RGB"选项，在曲线中段单击并向下拖动，调整图像暗部，如图2-22所示，单击 确定 按钮返回工作界面。

步骤 04 选择【图像】/【调整】/【亮度/对比度】命令，打开"亮度/对比度"对话框，设置亮度为"-20"，对比度为"30"，单击 确定 按钮，如图2-23所示。

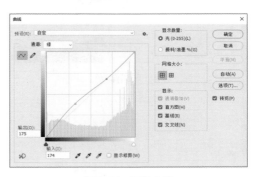

图2-21 调整曲线

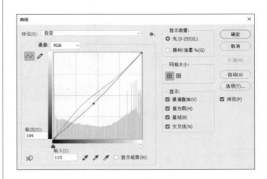

图2-22 调整曲线

图2-23 调整亮度/对比度

步骤 05 选择【图像】/【调整】/【色彩平衡】命令，打开"色彩平衡"对话框，单击选中"阴影"单选项，设置色阶值为"+33""+16""+20"，如图 2-24 所示。

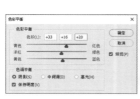

图2-24 调整阴影色彩平衡

步骤 06 单击选中"中间调"单选项，设置色阶值为"+19""+21""+12"，单击 确定 按钮，如图 2-25 所示。

图2-25 调整中间调色彩平衡

步骤 07 按【Ctrl+J】组合键复制图层，设置图层混合模式为"浅色"，不透明度为"20%"，如图 2-26 所示。

步骤 08 按【Shift+Ctrl+Alt+E】组合键盖印图层，按【Ctrl+L】组合键打开"色阶"对话框，在下方的数值框中分别输入"0""1.40""240"，单击 确定 按钮，

如图 2-27 所示。

图2-26 设置图层混合模式

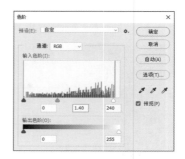

图2-27 调整色阶

步骤 09 保存文件，完成颜色调整操作，如图 2-28 所示（配套资源:\效果\第2章\化妆水图片.psd）。

图2-28 查看完成后的效果

↘ 2.2.4 调整有色差的商品图片

　　网店美工拍摄商品图片时，可能会因灯光、背景的颜色等导致商品图片出现偏黄、偏红等偏色问题。针对偏色问题可使用色彩平衡、色相/饱和度和曲线等来调整，具体操作如下。

微课：调整有色差的商品图片

步骤 01 打开"便携水杯 .jpg"素材文件（配套资源:\ 素材 \ 第 2 章 \ 便携水杯 .jpg），如图 2-29 所示，可发现整个水杯偏黄，蓝色调对比不够明显。

图2-29 打开水杯素材

步骤 02 按【Ctrl+J】组合键，复制图层，在"图层"面板底部单击"创建新的填充或调整图层"按钮 ，在打开的下拉列表中选择"色彩平衡"选项，如图 2-30 所示，打开"色彩平衡"面板。

图2-30 选择"色彩平衡"选项

步骤 03 观察到图片偏黄，由于黄色是由红色和绿色混合得到的，因此可减少红色和绿色的比例，达到调整偏黄的效果。这里在"色调"下拉列表框中选择"中间调"选项，设置青色为"-23"，"洋红"为"-23"，"黄色"为"40"，如图 2-31 所示。

图2-31 调整中间调色彩平衡

步骤 04 在"色调"下拉列表框中选择"阴影"选项，设置青色为"-27"，洋红为"-18"，黄色为"+10"，如图 2-32 所示。

图2-32 调整阴影色彩平衡

步骤 05 在"图层"面板底部单击"创建新的填充或调整图层"按钮 ，在打开的下拉列表中选择"曲线"选项，打开"曲线"面板，在曲线的顶部单击并向上拖动增强亮度，此时可发现偏黄区域已经恢复正常，调整后的颜色与实体便携水杯的颜色更接近，如图 2-33 所示。

图2-33 调整曲线

步骤 06 按【Shift+Ctrl+Alt+E】组合键盖印图层，选择"对象选择工具" ，框选左侧便携水杯，可发现便携水杯图像被选中，如图2-34所示。

图2-34 框选便携水杯

步骤 07 打开"便携水杯背景.jpg"素材文件（配套资源:\ 素材 \ 第 2 章 \ 便携水杯背景.jpg），使用"移动工具" ，将便携水杯拖动到背景中，调整大小和位置，完成后保存图像，效果如图2-35所示（配套资源:\ 效果 \ 第 2 章 \ 便携式水杯.psd）。

图2-35 移动水杯

经验之谈：

在处理图片时，可通过提高对比度、调整饱和度来增加画面的通透性。需要注意的是，对比度不能调太高，否则会导致暗部细节丢失或高光溢出。而饱和度太高，画面会过于艳丽，显得太假。

2.3 商品图片特殊效果处理

网店美工在处理图片时，除了可以调整商品图片颜色外，还可处理商品图片的特殊效果，如调整模糊的商品图片、虚化商品图片背景等，从而凸显商品特征。

2.3.1 调整模糊的商品图片

当商品图片中的商品很难展示质感时，网店美工可通过调色、增加图片清晰度等后期处理来提高图片中的商品质感，如增强毛绒感、体现材质等，具体操作如下。

微课：调整模糊的商品图片

步骤 01 打开"毛绒拖鞋.jpg"素材文件（配套资源:\ 素材 \ 第 2 章 \ 毛绒拖鞋.jpg），如图2-36所示，从图中可以看出拖鞋的毛绒感不强，不具有质感。

步骤 02 使用"钢笔工具" ![笔] 绘制拖鞋区域，按【Ctrl+Shift+Enter】组合键创建选区，如图 2-37 所示。

图2-36 打开拖鞋素材　　图2-37 创造选区

步骤 03 选择【滤镜】/【锐化】/【USM锐化】命令，打开"USM锐化"对话框，设置数量为"90"，半径为"100.0"，阈值为"70"，如图 2-38 所示，然后单击 ![确定] 按钮，效果如图 2-39 所示。

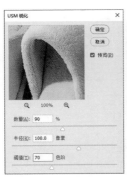 

图2-38 USM锐化参数　　图2-39 锐化后效果

步骤 04 选择"锐化工具" ![锐化]，在工具属性栏中设置强度为"50%"，调整画笔大小，并涂抹需要继续清晰化的部分，如图 2-40 所示。

步骤 05 选择"加深工具" ![加深]，在工具属性栏中设置画笔参数，设置范围为"中

间调"，曝光度为"50%"，涂抹需要加深的部分，然后按【Ctrl+D】组合键取消选区，效果如图 2-41 所示。保存文件，完成操作（配套资源:\效果\第 2 章\毛绒拖鞋 .jpg）。

图2-40 锐化部分图像

图2-41 加深部分图像

2.3.2 虚化商品图片背景

对于一些主体物和背景无法区分、层次不明的图片，虚化背景是常用的修饰方法，这种方法可以使视觉焦点聚集在主体物上，营造主体物与背景间的一种前实后虚的效果，避免背景喧宾夺主，具体操作如下。

微课：虚化商品图片背景

步骤 01 打开"刀具消毒器.png"素材文件（配套资源:\素材\第2章\刀具消毒器.png），选择"套索工具" ，在图片中沿着刀具消毒器轮廓绘制选区，如图2-42所示。

图2-42 创建选区

经验之谈：

在为图片创建选区时，最好使选区与图片的边缘之间有一定的距离，以避免在绘制选区的过程中出错。

步骤 02 按【Shift+Ctrl+I】组合键反选选区，选择【选择】/【修改】/【羽化】命令，打开"羽化选区"对话框，在"羽化半径"文本框中输入羽化值"10"，如图2-43所示，单击 确定 按钮，让选区的边缘更加柔和。

图2-43 设置羽化半径

步骤 03 选择【滤镜】/【模糊】/【镜头模糊】命令，打开"镜头模糊"对话框，设置形状、半径、旋转的值分别为"六边形（6）""8""50"，如图2-44所示。单击 确定 按钮，返回工作界面可查看模糊后的效果。

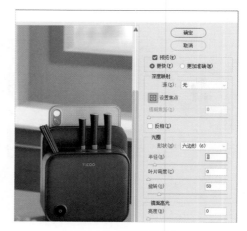

图2-44 设置镜头模糊

步骤 04 按【Shift+Ctrl+I】组合键反向选区，选择【滤镜】/【锐化】/【USM锐化】命令，打开"USM锐化"对话框，设置数量、半径、阈值分别为"100""5.0""55"，单击 确定 按钮，如图2-45所示。

图2-45　设置镜头模糊

步骤 05 完成后的效果如图 2-46 所示（配套资源:\ 效果 \ 第 2 章 \ 刀具消毒器 .png）。

图2-46　虚化背景的效果

2.4　实战演练

2.4.1　修饰女包商品图片

　　JIANLI店铺需要上新一款绿色女包，准备作为热卖商品在网店中售卖，由于拍摄的女包商品图片存在颜色过暗、偏色、主体对比不够明显等问题，因此需要先修饰该商品图片，完成后再在左上角添加Logo，避免女包商品图片版权被盗用。图片修饰前后的对比效果如图2-47所示。

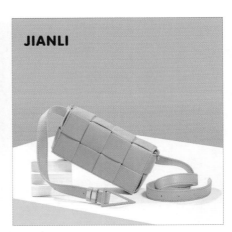

图2-47　图片修饰前后的对比效果

设计素养:

版权也称"著作权"，是指作者或其他人（包括法人）依法对某一著作物享受的权利。为了减少或避免出现版权被盗用的情况，网店美工在进行视觉设计时可先将商品图片、图案等在第三方平台登记备案或进行版权登记，如阿里巴巴原创保护平台等，也可在处理图片时为图片添加水印等。

1. 设计思路

修饰女包商品图片的设计思路如下。

（1）分析女包商品图片存在的问题。女包商品图片颜色非常暗沉、不鲜亮，存在偏色现象。

（2）确定女包商品图片尺寸。女包商品图片主要用于主图显示，其尺寸为800像素×800像素。

（3）确定调整方法。通过调整亮度/对比度、照片滤镜、阴影/高光、色相/饱和度等调整女包商品图片的颜色。

（4）文字添加。添加网店Logo，防止女包商品图片被盗用。

2. 知识要点

完成本例女包商品图片的修饰，需要掌握以下知识。

（1）使用"裁剪工具" 🔲 裁剪商品图片至合适的大小。

（2）使用调色命令提升女包商品图片的明暗对比度。

微课：修饰女包
商品图片

3. 操作步骤

下面修饰女包商品图片，具体操作如下。

步骤 01 打开"女包商品图片 .png"素材文件（配套资源:\ 素材 \ 第 2 章 \ 女包商品图片 .png），选择"裁剪工具" 🔲 ，在工具属性栏的"裁剪方式"下拉列表框中选择"1:1（方形）"选项，如图 2-48 所示。

步骤 02 此时，在图像窗口中将显示裁剪位置，将鼠标指针移动到保留的图片区域中，按住鼠标左键不放，拖动调整需保留的图片区域，如图 2-49 所示。

步骤 03 按【Enter】键完成裁剪，选择【图像】/【图像大小】命令，打开

"图像大小"对话框，在"宽度"数值框后的下拉列表框中选择"像素"选项，在"宽度"数值框中输入"800"，单击 确定 按钮，如图 2-50 所示。

图2-48 选择裁剪比例　图2-49 调整裁剪位置

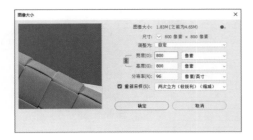

图2-50 设置图像大小

步骤 04 按【Ctrl+J】组合键复制图层，选择【图像】/【调整】/【亮度/对比度】命令，打开"亮度/对比度"对话框，设置亮度为"60"，对比度为"60"，单击 确定 按钮，如图 2-51 所示。

图2-51 设置亮度/对比度

步骤 05 选择【图像】/【调整】/【曲线】命令，打开"曲线"对话框，在曲线中段单击并向上拖动，调整图像亮度，单击 确定 按钮，如图 2-52 所示。

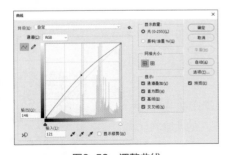

图2-52 调整曲线

步骤 06 选择【图像】/【调整】/【照片滤镜】命令，打开"照片滤镜"对话框，设置密度为"15%"，单击 确定 按钮，如图 2-53 所示。

图2-53 设置照片滤镜

步骤 07 选择【图像】/【调整】/【阴影/高光】命令，打开"阴影/高光"对话框，其参数设置如图 2-54 所示，完成后单击 确定 按钮。

图2-54 设置阴影/高光

步骤 08 选择【图像】/【调整】/【色相/饱和度】命令，打开"色相/饱和度"对话框，设置色相为"+24"，饱和度为"-4"，单击 确定 按钮，如图 2-55 所示。

图2-55 设置色相/饱和度

步骤 09 选择"横排文字工具" T.，在商品图片的顶部输入"JIANLI"文本，在工具属性栏中设置字体为"方正粗圆简体"，字体大小为"40 点"，颜色为"黑色"，完成后保存图像，效果如图2-56所示（配套资源:\ 效果 \ 第 2 章 \ 女包商品图片 .psd）。

图2-56　输入文本

2.4.2　调整休闲鞋商品图片色调

某商家发现拍摄的休闲鞋商品图片与实物存在色差，为了避免消费者收到商品后由于色差的问题而出现退货情况，需要调整休闲鞋商品图片的色调，并做到色彩与实物一致。图片色调调整前后的对比效果，如图2-57所示。

图2-57　图片色调调整前后的对比效果

1.　设计思路

调整休闲鞋商品图片色调的设计思路如下。

（1）分析休闲鞋商品图片存在的问题。休闲鞋商品图片颜色非常暗沉、不鲜亮，与实物色彩不一致。

（2）确定调整方法。通过调整亮度/对比度、自然饱和度、曲线等来调整休闲鞋商品图片的色调。

2.　知识要点

若想完成本例休闲鞋商品图片的色调调整，需要掌握以下知识。

（1）使用"亮度/对比度"命令增加休闲鞋商品图片的明暗对比度。

（2）使用调色命令，提高休闲鞋商品图片的亮度。

微课：调整休闲鞋
商品图片色调

3.　操作步骤

下面调整休闲鞋商品图片色调，具体操作如下。

步骤 01 打开"休闲鞋 .png"素材文件（配套资源:\ 素材 \ 第 2 章 \ 休闲鞋 .png），如图 2-58 所示，按【Ctrl+J】组合键复制图层。

图2-58 打开休闲鞋素材

步骤 02 选择【图像】/【调整】/【亮度 / 对比度】命令，打开"亮度 / 对比度"对话框，在"亮度""对比度"右侧的数值框中分别输入"65""20"，单击 确定 按钮，如图 2-59 所示。

图2-59 设置亮度/对比度

步骤 03 选择【图像】/【调整】/【自然饱和度】命令，打开"自然饱和度"对话框，在"自然饱和度""饱和度"右侧的数值框中分别输入"+20""0"，单击 确定 按钮，如图 2-60 所示。

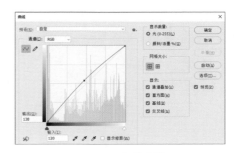

图2-61 调整曲线

步骤 05 按【Ctrl+L】组合键打开"色阶"对话框，在下方的数值框中分别输入"12""0.9""235"，单击 确定 按钮，如图 2-62 所示。

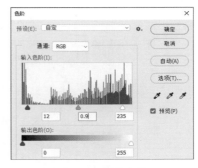

图2-62 调整色阶

步骤 06 在"图层"面板底部单击"创建新的填充或调整图层"按钮，在打开的下拉列表中选择"纯色"选项，打开"拾色器（纯色）"对话框，设置颜色为"白色"，单击 确定 按钮，增加图像亮度，如图 2-63 所示。

步骤 04 选择【图像】/【调整】/【曲线】命令，打开"曲线"对话框，在曲线中段单击并向上拖动，调整图像亮度，单击 确定 按钮，如图 2-61 所示。

图2-63 设置颜色

步骤 07 保存图像并查看完成后的效果，如图 2-64 所示（配套资源 :\ 效果 \ 第 2 章 \ 休闲鞋 .psd）。

图2-64　最终效果

课后练习

（1）某玻璃瓶商品图片曝光不足、色彩暗淡（配套资源:\素材\第2章\玻璃瓶.jpg），需要对其进行处理，使其颜色鲜艳、效果美观。处理时，网店美工可使用"曲线"命令提高图片亮度，使用"色阶"命令增加明部和暗部的对比度。玻璃瓶图片调整前后的对比效果如图2-65所示（配套资源:\效果\第2章\玻璃瓶.psd）。

图2-65　玻璃瓶图片调整前后的对比效果

（2）某商家拍摄的羽毛球拍商品图片（配套资源:\素材\第2章\羽毛球拍.jpg）颜色暗沉，需要调整其亮度和对比度。调整前后的对比效果如图2-66所示（配套资源:\效果\第2章\羽毛球拍.jpg）。

图2-66　调整前后的对比效果

第 **3** 章

商品图片后期处理

完成商品图片的颜色和特殊效果处理后，网店美工还可通过其他的后期处理提高商品图片的质感，如将商品图片中的商品抠取出来，为商品替换背景；或去除商品图片中的污渍和多余的物品，使其符合设计需求，提高其视觉效果。除此之外，当需要使用商品图片制作海报、焦点图时，还可以为商品图片添加文字或形状等元素，丰富商品图片的内容。

⊚ 技能目标

- 掌握抠取商品图片的方法。
- 掌握修饰商品图片的方法。
- 掌握丰富商品图片内容的方法。

🖑 素养目标

- 提高读者的商品图片后期处理能力。
- 培养读者对商品图片后期处理的创新能力。

案例展示

3.1 抠取商品图片

一张好的商品图片不但要凸显商品，还需要一个合适的背景进行衬托，这样不仅可以提高商品图片的观赏性，还能为商品的展示营造良好的氛围，突出商品的质感。在Photoshop中，网店美工可以通过抠取商品图片的方法为其替换背景。

↘ 3.1.1 规则商品图片抠图

网店美工在抠取一些规则的矩形或圆形商品时，可通过对应的选择工具创建选区进行抠图，如矩形选框工具、椭圆选框工具；在抠取边缘为直线的规则商品时，如洗衣机、电冰箱、衣柜等，可选择多边形套索工具进行抠图，具体操作如下。

微课：规则商品图片
抠图

步骤 01 打开"洗衣机 .png"素材文件（配套资源:\ 素材 \ 第 3 章 \ 洗衣机 .png），选择"多边形套索工具" ☑，在洗衣机边缘直线的转角处点处单击以确定起点，然后将鼠标指针移动到直线的另一端转折点处进行单击，再使用相同的方法继续创建锚点，如图 3-1 所示。

图3-1 创建锚点

步骤 02 沿着洗衣机周围创建边缘线条，回到起点后再次单击起点，完成选区的创建，如图 3-2 所示。

步骤 03 打开"洗衣机背景 .jpg"素材文件（配套资源:\ 素材 \ 第 3 章 \ 洗衣机背景 .jpg）。

步骤 04 选择"移动工具" ►+，将画面切换到洗衣机所在的窗口，将鼠标指针移动到选区内部，如图 3-3 所示，按住鼠标左键不放，将洗衣机图片拖动到洗衣机背景中。

图3-2 创建选区

图3-3 将鼠标指针移动到选区内

步骤 05 按【Ctrl+T】组合键打开变换框，在按住【Shift】键的同时，向左下方拖动右上角的控制点，等比例缩小图片，拖动洗衣机图片，调整洗衣机的位置，如图 3-4 所示。

图3-4　调整图片大小

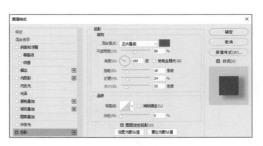

图3-5　添加投影

步骤 07 完成后按【Ctrl+S】组合键保存图像，如图 3-6 所示（配套资源:\ 效果 \ 第 3 章 \ 洗衣机焦点图 .psd ）。

步骤 06 为了使洗衣机更具立体感，还需对洗衣机添加投影。双击洗衣机所在图层右侧的空白区域，在打开的"图层样式"对话框中单击选中"投影"复选框，设置投影颜色、不透明度、角度、距离、扩展、大小分别为"#5f666c""50%""155 度 ""19 像素""24%""35 像素"，单击 确定 按钮，如图 3-5 所示。

图3-6　最终效果

3.1.2　单色背景抠图

　　网店美工在抠取简单的商品或背景时，可使用对象选择工具、快速选择工具、魔棒工具、套索工具等进行抠取。如利用对象选择工具，配合套索工具可抠取图中的耳机，具体操作如下。

微课：单色背景抠图

步骤 01 打开"耳机 .png"素材文件（配套资源:\ 素材 \ 第 3 章 \ 耳机 .png），选择"对象选择工具" ，在工具属性栏中单击选中"自动增强""减去对象"复选框，然后框选整个耳机部分，可发现耳机已被选中，但也存在未被选中区域，如图 3-7 所示。

图3-7　创建选区

步骤 02 选择"多边形套索工具" ，在工具属性栏中单击"添加到选区"按钮 ，在耳机的右上角沿着耳机边缘绘制未被选中区域。绘制完成后，将添加选中区域，如图 3-8 所示。

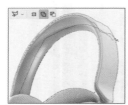

图3-8　使用多边形套索工具添加选区

步骤 03 选择"磁性套索工具" ，在工具属性栏中单击"添加到选区"按钮 ，在左侧听筒部分单击添加控制点，直至回到起点完成路径的添加，再使用相同的方法，对其他未选中区域添加路径，如图 3-9 所示。

图3-9　使用磁性套索工具添加选区

步骤 04 完成耳机选区的创建后，为了使

创建的选区更平滑，还需设置羽化半径。按【Shift+F6】组合键，在打开的"羽化选区"对话框中设置羽化半径为"1 像素"，单击 确定 按钮，如图 3-10 所示。

图3-10　设置羽化半径

步骤 05 打开"耳机背景 .png"素材文件（配套资源:\ 素材 \ 第 3 章 \ 耳机背景 .png），选择"移动工具" ，拖动选区到耳机背景中，按【Ctrl+T】组合键打开变换框，在按住【Shift】键的同时，向左下方拖动右上角的控制点，等比例缩小图片，移动耳机到背景的合适位置，如图 3-11 所示。

图3-11　添加背景并缩小图片

步骤 06 双击耳机所在图层右侧的空白区域，在打开的"图层样式"对话框中单击选中"投影"复选框；设置投影颜色、不透明度、角度、距离、扩展、大

小分别为"#323434""40%""128 度""10
像素""10%""15 像素",单击 确定 按
钮,如图 3-12 所示。

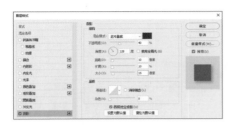

图3-12 添加投影

步骤 07 完成后按【Ctrl+S】组合键保
存图像,如图 3-13 所示(配套资源:\ 效
果 \ 第 3 章 \ 耳机海报 .psd)。

图3-13 最终效果

↘ 3.1.3 复杂商品图片抠图

网店美工遇到商品轮廓比较复杂、背景杂乱,或背景与商品的分
界不明显的商品图片时,可使用钢笔工具描边商品的轮廓,再将路径
转化为选区进行抠取,具体操作如下。

微课:复杂商品
图片抠图

步骤 01 打开"保温壶 .png"素材文件(配
套资源:\ 素材 \ 第 3 章 \ 保温壶 .png),
如图 3-14 所示。该图中的保温壶与背景
的颜色太过接近,且边缘模糊。

步骤 02 选择"钢笔工具" ,在工具
属性栏中设置工具模式为"路径",在保
温壶边缘单击以确定起点,然后在保温
壶周围单击并向右拖动创建路径。若边
缘存在弧度,可在单击后按住鼠标左键
不放,拖动鼠标可调整弧度,如图 3-15
所示。

图3-14 打开素材文件

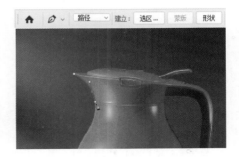

图3-15 绘制路径

步骤 03 使用相同的方法继续沿着保温壶边缘创建锚点，当起点与终点完全结合时，可完成路径的创建，如图3-16所示。

图3-16　创建路径

🔊 经验之谈：

　　在创建直线段选区时，可直接单击添加锚点；在创建曲线段选区时，需要添加锚点后，在按住鼠标左键不放的同时拖动鼠标。

步骤 04 由于绘制的锚点存在与商品不贴合的情况，此时可在按住【Ctrl】键的同时拖动需要调整的锚点，使路径与商品更贴合，如图3-17所示。

图3-17　编辑路径

🔊 经验之谈：

　　按住【Ctrl】键，移动路径上的锚点可调整线条位置，选中锚点后拖动控制柄可调整曲线的弧度；释放【Ctrl】键，单击路径可添加锚点，单击已有锚点可删除该锚点；按住【Alt】键，单击锚点可使其在平滑点与角点之间转换。

步骤 05 按【Ctrl+Enter】组合键将路径转化为选区，按【Shift+F6】组合键，在打开的"羽化选区"对话框中设置羽化半径为"1 像素"，单击 确定 按钮，如图3-18所示。

图3-18　将路径转化为选区并羽化选区

步骤 06 打开"保温壶背景.jpg"素材文件（配套资源:\素材\第3章\保温壶背景.jpg），使用"移动工具" ⊕ 拖动选区到保温壶背景中，并调整其位置和大小，如图3-19所示。

步骤 07 由于保温壶手柄部分的颜色与背景存在差异，可先将该区域抠除出来，这里选择"磁性套索工具" ⊋ ，沿着手柄处拖动，可发现拖动区域已自动创建锚点，当起点与终点完全重合时，完成路径的创建，创建的路径将以选区的方式显示，如图3-20所示。

图3-19　添加背景　　　图3-20　绘制选区

步骤 08 按【Delete】键删除选区，完成后保存图像，最终效果如图 3-21 所示（配套资源:\ 效果 \ 第 3 章 \ 保温壶宣传海报 .psd）。

图3-21　最终效果

↘ 3.1.4　毛发抠图

网店美工在抠取头发或毛绒类商品时，采用一般的抠图方法很难达到理想的效果，且非常浪费时间，此时可使用Photoshop中的调整边缘功能进行抠取，具体操作如下。

微课：毛发抠图

步骤 01 打开"猫 .png"素材文件（配套资源:\ 素材 \ 第 3 章 \ 猫 .png），如图 3-22 所示。其毛绒边缘模糊，不易抠取。

步骤 02 选择"魔棒工具"，在工具属性栏中设置容差为"20"，单击背景区域，按【Ctrl+Shift+I】组合键反选选区，如图 3-23 所示。

步骤 03 在魔棒工具的工具属性栏中单击 选择并遮住 按钮，在打开的对话框中设置透明度、半径、平滑、羽化、对比度、移动边缘分别为"100%""6 像素""17""2.0 像素""50%""0%"，如图 3-24 所示。

图3-24　设置"选择并遮住"的参数

图3-22　打开素材文件　　图3-23　创建选区

步骤 04 展开"输出设置"栏，设置输出为"新建带有图层蒙版的图层"，单击 确定 按钮。返回图像窗口，查看新建带有图层蒙版的图层，此时原图层已经被隐藏，如图 3-25 所示。

图3-25　查看调整边缘后的抠图效果

步骤 05 设置前景色为"黑色"，选择"画笔工具" ，设置画笔大小为"20"，选择蒙版缩略图，涂抹宠物下方未被选中的区域，可发现涂抹区域已被隐藏，如图 3-26 所示。

步骤 06 打开"猫粮背景 .png"素材文件（配套资源:\ 素材 \ 第 3 章 \ 猫粮背景 .png），选择"移动工具" ，将抠取的图层拖到猫粮背景中，调整其大小与位置。更换背景后的最终效果如图 3-27 所示（配套资源:\ 效果 \ 第 3 章 \ 猫粮焦点图 .psd）。

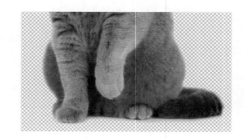

图3-26　细节修改

图3-27　最终效果

↘ 3.1.5　半透明物体抠图

微课：半透明物体抠图

网店美工在抠取水杯、婚纱、冰块、矿泉水等半透明商品时，使用一般的抠图工具很难得到透明效果，此时可结合钢笔工具、图层蒙版和通道等进行抠取，具体操作如下。

步骤 01 打开"婚纱 .jpg"素材文件（配套资源:\ 素材 \ 第 3 章 \ 婚纱 .jpg），如图 3-28 所示。按【Ctrl+J】组合键复制背景图层。

步骤 02 选择"钢笔工具" ，沿着人物轮廓绘制路径，注意绘制的路径不包括半透明的婚纱部分，如图 3-29 所示。

图3-28 打开素材文件

图3-29 绘制路径

步骤 03 选择【窗口】/【路径】命令，打开"路径"面板，将路径保存为"路径1"，如图 3-30 所示。

图3-30 存储路径

步骤 04 按【Ctrl+Enter】组合键将绘制的路径转换为选区，单击"通道"面板中的"将选区储存为通道"按钮 ◘ ，创建"Alpha 1"通道，选区将自动填充为白色，如图 3-31 所示。

步骤 05 复制黑白对比更鲜明的"绿"通道，得到"绿 拷贝"通道，如图 3-32 所示。

图3-31 新建通道

图3-32 复制通道

步骤 06 在"绿 拷贝"通道中继续使用"钢笔工具" ![钢笔工具图标]为人物的婚纱区域绘制路径，如图 3-33 所示，然后按【Ctrl+Enter】组合键将绘制的路径转换为选区。

图3-33 绘制路径

步骤 07 设置前景色为"黑色"，按【Alt+Delete】组合键将选区填充为"黑色"，如图 3-34 所示。然后按【Ctrl+D】组合键取消选区。

图3-34 填充选区

步骤 08 选择【图像】/【计算】命令，打开"计算"对话框，设置"源1"的图层为"背景"，通道为"Alpha 1"，设置"源2"的图层为"背景"，通道为"绿拷贝"，然后设置混合为"相加"，单击 确定 按钮，如图3-35所示。

图3-35 计算通道1

步骤 09 查看计算通道的效果，得到Alpha 2通道，如图3-36所示。

图3-36 得到Alpha 2通道

步骤 10 再次打开"计算"对话框，设置计算的图层分别为"合并图层"和"图层

1"，混合模式为"叠加"，单击 确定 按钮，如图3-37所示。

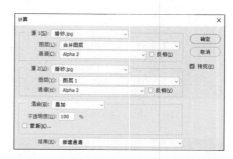

图3-37 计算通道2

步骤 11 查看计算通道的效果，得到Alpha 3通道，如图3-38所示。

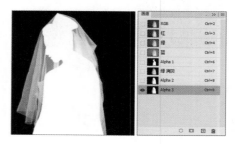

图3-38 得到Alpha 3通道

步骤 12 在"通道"面板底部单击"将通道作为选区载入"按钮 ◌ ，载入 Alpha 3通道的人物选区。然后切换到"图层"面板，选择图层1，按【Ctrl+J】组合键复制选区到图层2上，隐藏图层1和背景图层，查看抠图效果，如图3-39所示。

图3-39 查看抠图效果

步骤 13 打开"婚纱背景.jpg"素材文件（配

套资源 :\ 素材 \ 第 3 章 \ 婚纱背景 .jpg)，将抠取的人物拖动到婚纱背景图层上方，并调整人物的大小与位置，如图 3-40 所示。

章 \ 婚纱 .psd)。

图3-41　最终效果

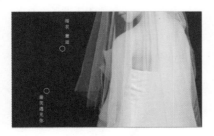

图3-40　更换背景

步骤 14 选择"横排文字工具" **T**，设置字体为"宋体"，字号为"20 点"，输入"初心不改"文本，并查看最终效果，如图 3-41 所示（配套资源 :\ 效果 \ 第 3

经验之谈：

抠取婚纱的背景与添加的背景的差异度决定了抠图后的处理方式，由于本例添加的背景颜色较深，因此不需要再进行其他的提亮处理。

3.2　修饰商品图片

当完成商品图片的拍摄后，商品图片中可能会出现商品有污迹、存在多余物体，或人物面部有瑕疵等情况，若是再次进行拍摄，将会造成人力和物力的浪费，此时可使用修复工具修饰商品图片。

3.2.1　清除图片上的污迹

除了天气、灯光、技术等原因造成图片的视觉效果不好外，商品本身的污渍或者拍摄环境也会导致图片不够美观。此时，网店美工可利用内容识别填充功能和内容感知移动工具来快速对图片进行处理，具体操作如下。

微课：清除图片上的污迹

步骤 01 打开"小白鞋 .jpg"素材文件（配套资源 :\ 素材 \ 第 3 章 \ 小白鞋 .jpg)，如图 3-42 所示。

步骤 02 使用"套索工具" **P** 为左侧鞋子的污迹部分创建选区，如图 3-43 所示。

图3-42　打开素材文件

图3-43　创建选区

步骤 03 选择【编辑】/【填充】命令，在打开的"填充"对话框的"内容"下拉列表框中选择"内容识别"选项，单击 确定 按钮，如图3-44所示。

图3-44　内容识别填充

步骤 04 返回图像窗口，查看左侧鞋子污迹被清除后的效果，如图3-45所示。

图3-45　左侧鞋子污迹被清除后的效果

步骤 05 使用相同的方法为右侧鞋子的污迹部分创建选区，以及使用"内容识别"填充功能清除污迹。若污迹清除不到位，可选择"内容感知移动工具" ✖，在污迹旁边干净的面料处绘制能够覆盖污迹区域的选区，如图3-46所示。

图3-46　绘制取样选区

步骤 06 将选区拖动到污迹上，可以覆盖并清除污迹，商品图片中的污迹被清除后的最终效果如图3-47所示（配套资源:\效果\第3章\小白鞋.jpg）。

图3-47　最终效果

↘ 3.2.2　去除背景中多余的物品

网店美工在处理存在瑕疵的商品图片时，若需要去除背景中多余的物品或瑕疵，采用前面的方法可能达不到理想的效果，此时可结合仿制图章工具进行修复，具体操作如下。

微课：去除背景中多余的物品

步骤 01 打开"便携榨汁机.jpg"素材文件（配套资源:\素材\第3章\便携榨汁机.jpg）如图3-48所示，按【Ctrl+J】组合键复制图层。

图3-48 打开素材文件

步骤 02 使用任意选区创建工具沿着榨汁机下方手握的位置创建选区,选择"仿制图章工具" ，按【 [】键或【] 】键调整印章大小,按住【Alt】键在手上方的空白背景处取样,释放【Alt】键后在选区内涂抹,在涂抹过程中可以不断取样背景上的区域,从而去除背景中的手图像,如图 3-49 所示。

图3-49 去除便携榨汁机外面的手图像

步骤 03 使用相同的方法在便携榨汁机右下侧区域创建选区,按住【Alt】键在便携榨汁机粉色以及高光部分取样,释放【Alt】键后在选区内涂抹,涂抹时可以不断调整印章大小,如图 3-50 所示。

步骤 04 选择"仿制图章工具" ，按【 [】键或【] 】键调整其大小,按住【Alt】键在便携榨汁机高光部分取样,释放【Alt】键后在手指遮挡的高光处涂抹,如图 3-51 所示。

图3-50 去除便携榨汁机下方的手图像

图3-51 恢复便携榨汁机的高光部分

步骤 05 选择"多边形套索工具" ，在中间的圆形按钮下方创建选区,然后按【Ctrl+J】组合键复制选区到新图层上,接着按住【Ctrl】键单击图层缩略图,载入选区,再按【Ctrl+T】组合键打开变换框,旋转选区使其与按钮残缺部分重叠,完成后再次使用"仿制图章工具" 涂抹,使其更加自然,如图 3-52 所示。

图3-52 去除按钮上的手指图像

步骤 06 继续按住【Alt】键在便携榨汁机左侧边缘相似处取样，释放【Alt】键后在选区位置涂抹，在涂抹过程中可以不断取样周围的图片，去除便携榨汁机左侧残余的手指图像，最终效果如图3-53所示（配套资源:\效果\第3章\便携榨汁机.psd）。

图3-53 最终效果

3.2.3 调整模特

在淘宝、天猫的商品拍摄中，部分类目的商品（如服饰、饰等）需要人物的衬托才能吸引消费者，而商品图片中模特的身材和脸部或多或少存在一定的瑕疵。因此，网店美工需要调整模特身姿，以更好地体现商品，具体操作如下。

微课：调整模特

步骤 01 打开"女装模特.jpg"素材文件（配套资源:\素材\第3章\女装模特.jpg）。放大图像，可发现模特脸上有一些斑点，这时可选择"污点修复画笔工具" ，在工具属性栏中设置画笔大小为斑点的大小，然后单击需要祛除的斑点，完成祛除斑点的操作，如图3-54所示。

图3-55 精修模特脸部

步骤 03 选择"膨胀工具" ，调整画笔大小为眼睛的大小，将鼠标指针移至眼珠中心，单击放大眼睛，选择"向前变形工具" ，适当拉长模特眼角，调整其眼眶，如图3-56所示。

图3-54 祛除斑点

步骤 02 选择【滤镜】/【液化】命令，打开"液化"对话框，按住【Ctrl】键单击脸部，放大脸部，选择"向前变形工具" ，在右侧调整画笔大小，并将鼠标指针移动至脸部边缘，拖动脸部线条，精修模特脸部，如图3-55所示。

图3-56 调整模特眼睛大小

图3-56　调整模特眼睛大小（续）

步骤 04 选择"裁剪工具" ，拖动下边缘，向下扩展画布，如图3-57 所示。

图3-57　扩展画布

步骤 05 选择素材所在图层，在腿部绘制矩形选区，按【Ctrl+T】组合键打开变换框，拖动下边框线至合适位置，拉长模特腿部，如图3-58 所示。最后保存文件完成操作（配套资源 :\ 效果 \ 第 3 章 \ 女装模特 .jpg）。

图3-58　拉长模特腿部

3.3 丰富图片内容

　　网店美工除了需要处理商品图片的问题外，还需要为商品图片添加描述性文字和形状，其中文字可增强商品的说明性，形状可凸显文字，能够在展现重要内容的同时，使商品图片的内容更加丰富、美观。

↘ 3.3.1 添加与美化文本

　　消费者在购买商品时，除了注重商品的美观性外，还非常注重商品的实用性，网店美工可在制作的商品图片中添加文本，以方便消费者了解商品，还可适当美化文本，提高其美观度，具体操作如下。

微课：添加与美化文本

步骤 01 打开"投影灯海报 .jpg"素材文件（配套资源 :\ 素材 \ 第 3 章 \ 投影

灯海报 .jpg），如图 3-59 所示。

图3-59　打开素材文件

步骤 02 选择"横排文字工具" T，在海报的左侧单击，定位文本插入点，输入图3-60所示的文本，按【Enter】键完成输入。

图3-60　输入文本

经验之谈：

在输入文本前，可按住鼠标左键不放并拖动鼠标指针绘制文本框，这样便于输入与编辑段落文本。

步骤 03 选择"PROJECTION LAMP"文字，在工具属性栏中设置字体为"FagoExTfExtraBold"，字体大小为"20点"，如图3-61所示。

图3-61　调整英文文字大小

步骤 04 选择"梦幻星空投影灯"文字，打开"字符"面板，在"字体"下拉列

表中选择"方正大黑简体"选项，设置字体大小为"48点"，字距为"0"，单击"仿粗体"按钮 T，使文字加粗显示，如图3-62所示。

图3-62　调整主要文字大小

经验之谈：

在文本工具属性栏中单击"切换字符和段落面板"按钮 ，可在打开的"字符"和"段落"面板中集中设置文本的字体、字体大小、颜色、间距、首行缩进、行距、段落对齐方式等。

步骤 05 选择"既是投影灯 也能播放音乐"文字，在"字符"面板中设置字体为"思源黑体 CN"，字体大小为"24点"，行距为"48点"，如图3-63所示。

图3-63　调整其他文字大小

步骤 06 选择"点击查看"文字，在"字符"面板中设置字体为"思源黑体 CN"，字体大小为"24点"，行距为"72点"，字距为"75"，效果如图3-64所示。

图3-64　调整"点击查看"文字

步骤 07 选择"圆角矩形工具" ，在工具属性栏中设置填充颜色为"#eb6353"，半径为"20 像素"，然后在"点击查看"文字下方绘制一个"180 像素

×50 像素"的圆角矩形，然后调整文字与圆角矩形的位置，效果如图 3-65 所示。

步骤 08 按【Ctrl+S】组合键保存文件（配套资源 :\ 效果 \ 第 3 章 \ 投影灯海报 .psd）。

经验之谈：

若要设置文本图层中的某个文本的颜色、字体大小、字形等，可将文本插入点插入该文本前，按住鼠标左键不放并拖动鼠标选中该文本再进行设置。

图3-65　绘制圆角矩形

3.3.2　为商品图片添加形状

除了文字外，形状也是处理商品图片过程中必不可少的元素，它不仅可以丰富商品图片的内容，还能装饰商品图片中的重点部分。特别是在海报中添加不同的形状，不仅可以凸显商品，还能提高海报的美观性，具体操作如下。

步骤 01 打开"保湿乳 .jpg"素材文件（配套资源 :\ 素材 \ 第 3 章 \ 保湿乳 .jpg），如图 3-66 所示。

步骤 02 选择"横排文字工具" T，在工具属性栏中设置字体为"方正粗圆简体"，颜色为"#f78078"，在保湿乳的上方输入"水水润润 桃你喜欢""桃气 首发"文本，然后依次调整文字大小，如图 3-67 所示。

微课：为商品图片添加形状

图3-66　打开素材文件

图3-67　输入文字

步骤 03 选择"直线工具" ，在工具属性栏中取消填充，设置描边颜色为"#f78078"，描边宽度为"3 点"，在"形状描边类型"下拉列表中选择第 3 种样式，在"水水润润 桃你喜欢"文字下方绘制一条虚线，如图 3-68 所示。

图3-68　绘制虚线

步骤 04 选择"矩形工具" ，设置填充颜色为"#f78078"，在虚线下方绘制一个矩形，如图 3-69 所示。

图3-69　绘制矩形

步骤 05 选择"横排文字工具" ，在工具属性栏中设置字体为"方正粗圆简体"，颜色为"白色"，字体大小为"30 点"，并在矩形上方输入图 3-70 所示的文字。

图3-70　输入文字

步骤 06 选择"椭圆工具" ，在工具属性栏中取消填充，设置描边颜色为

"#f78078"，描边宽度为"3 点"，然后在"桃气 首发"文字下方绘制一个圆环，并调整圆环的位置和大小，如图 3-71 所示。

图3-71　绘制圆环

步骤 07 选择"直线工具" ，设置描边颜色为"#f78078"，描边宽度为"3 点"，然后在"首发"文字下方绘制一条直线，如图 3-72 所示。

图3-72　绘制直线

步骤 08 选择"多边形工具" ，在工具属性栏中设置填充颜色为"#f78078"，边为"3"，然后在直线的中间区域绘制三角形，效果如图 3-73 所示。

图3-73　绘制三角形

步骤 09 选择"自定形状工具" ，在工具属性栏中设置填充颜色为"白色"，

描边颜色为"#f78078",描边大小为"3点",然后单击"形状"栏右侧的下拉按钮🔽,在打开的下拉列表框中单击⚙.按钮,在打开的下拉列表中选择"导入形状"选项,如图3-74所示。

步骤 10 打开"载入"对话框,在其中选择"外部形状.csh"素材文件(配套资源:\素材\第3章\外部形状.csh),单击 载入(L) 按钮,完成载入操作。

步骤 11 返回"形状"下拉列表框,可发现导入的形状已在列表框中显示,选择"shape 13"形状,如图3-75所示。

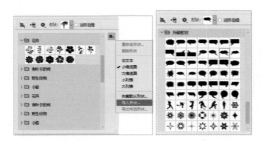

图3-74 导入形状　　图3-75 选择形状

步骤 12 在保湿乳的左侧绘制形状,然后使用"横排文字工具"**T**输入"有蜜桃香味哟!"文本,然后调整文字的大小、位置和颜色,效果如图3-76所示。

图3-76 绘制形状并输入文字

步骤 13 设置前景色为"#f78078",选择"钢笔工具"✍,在图片右上角绘制图3-77

所示的形状,按【Ctrl+Enter】组合键创建选区,新建图层,按【Alt+Delete】组合键填充前景色。

图3-77 绘制形状

步骤 14 使用"横排文字工具"**T**,输入"夏季补水"文本,然后调整文字的大小、位置和颜色。保存图像并查看完成后的最终效果,如图3-78所示(配套资源:\效果\第3章\保湿乳.psd)。

图3-78 最终效果

↘ 3.3.3 合成图像

微课：合成图像

拍摄的商品图片的背景一般比较简单，若需要其他的背景，网店美工可以为商品合成场景，通过多种元素的搭配，体现商品的功能、卖点，并营造一定的氛围，具体操作如下。

步骤 01 新建名为"端午女包海报"、大小为"1920 像素 ×900 像素"的文件。

步骤 02 打开"背景 .jpg"素材文件（配套资源:\ 素材 \ 第 3 章 \ 背景 .jpg），将其拖动到文件中，调整图像的大小和位置，如图 3-79 所示。

图3-79　添加背景素材

步骤 03 打开"船 .png"素材文件（配套资源:\ 素材 \ 第 3 章 \ 船 .png），将其拖动到文件中，调整图像的大小和位置，如图 3-80 所示。

图3-80　添加船素材

步骤 04 打开"烟雾 .psd"素材文件（配套资源:\ 素材 \ 第 3 章 \ 烟雾 .psd），在其中选择所有烟雾样式拖动到文件中，并调整图像的大小和位置，如图 3-81 所示。

步骤 05 打开"图层"面板，选择"烟雾 1"图层，单击"添加图层蒙版"按钮 ，添加图层蒙版。

图3-81　添加烟雾素材

步骤 06 设置前景色为"#000000"，选择"画笔工具" ，再在工具属性栏中设置画笔为"柔边圆"，大小为"400"，在图像窗口的右侧进行涂抹，虚化右侧的烟雾，使其过渡更加自然，如图 3-82 所示。

图3-82　虚化右侧烟雾

步骤 07 选择"烟雾 3"图层，单击"添加图层蒙版"按钮 ，添加图层蒙版。使用相同的方法虚化烟雾，并设置不透明度为"90%"，如图 3-83 所示。

图3-83　虚化其他烟雾

步骤 08 打开"女包 .png"素材文件（配套资源:\ 素材 \ 第 3 章 \ 女包 .png），将其拖动到文件中，并将图层拖动到船所在图层的下方，使其分层次显示，如图 3-84 所示。

步骤 09 打开"小物件 .psd"素材文件（配套资源:\ 素材 \ 第 3 章 \ 小物件 .psd），将其中的素材依次拖动到文件中，并调整素材位置和大小，保存图像并查看完成后的最终效果，如图 3-85 所示（配套资源:\ 效果 \ 第 3 章 \ 端午女包海报 .psd）。

图3-84　添加女包素材

图3-85　最终效果

设计素养:

端午节又称端阳节、龙舟节、天中节等，是我国的传统节日，有祈福平安、驱邪消灾等美好寓意。端午节有很多民俗活动，如扒龙舟、挂艾草、菖蒲、放纸鸢、拴五色丝线、吃粽子等。在进行与端午节相关的视觉设计时，网店美工可结合这些民俗活动与其相关的设计元素，这样不仅能体现节日氛围，还能弘扬传统文化。

3.4　实战演练

3.4.1　为沙发更换背景

某商家最近需要上新一款简约、注重人体结构需求的沙发，并为该沙发拍摄了图片，但由于拍摄的沙发图片存在背景复杂的情况，因此需要替换背景，并要求替换的背景能够体现"简约""注重人体结构需求"的卖点。沙发更换背景前后的对比效果如图3-86所示。

图3-86　沙发更换背景前后的对比效果

1. 设计思路

处理该沙发商品图片的设计思路如下。

（1）为沙发创建选区，抠取沙发图片。

（2）将抠取的沙发图片移动到背景中，调整沙发的大小与位置。

（3）在背景图上制作投影，使沙发与背景更加融合。

2. 知识要点

完成本例的制作需要掌握以下知识。

（1）使用"对象选择工具" 框选整个沙发。

（2）按【Shift+F6】组合键羽化选区。

（3）设置前景色，使用"画笔工具" 添加投影。

微课：为沙发更换背景

3. 操作步骤

下面为沙发更换背景，具体操作如下。

步骤 01 打开"沙发 .jpg"素材文件（配套资源:\ 素材 \ 第 3 章 \ 沙发 .jpg），选择"对象选择工具" ，框选整个沙发区域，此时可发现整个沙发已被选中，如图 3-87 所示。

图3-87 创建选区

步骤 02 按【Shift+F6】组合键,在打开的"羽化选区"对话框中设置羽化半径为"0.2 像素"，单击 确定 按钮，如图 3-88 所示。

图3-88 设置"羽化选区"参数

步骤 03 切换到"图层"面板，按【Ctrl+J】组合键将选区复制到新建的图层 1 上，并隐藏背景图层，如图 3-89 所示。

图3-89 复制选区

步骤 04 打开"沙发背景 .jpg"素材文件（配套资源:\ 素材 \ 第 3 章 \ 沙发背景 .jpg），将抠取的沙发图层拖动到背景中，调整沙发的大小与位置，如图 3-90 所示。

图3-90 拖动图片到背景中

步骤 05 在背景图层上方新建图层 2，设置前景色为"#c9c9c9"，选择"画笔工具" ，设置硬度为"78%"，不透明度为"100%"；调整画笔大小，在新建的图层上绘制投影，完成本例的制作，最终效果如图 3-91 所示（配套资源 :\ 效果 \ 第 3 章 \ 沙发 .psd）。

图3-91 最终效果

3.4.2 处理女包商品图片

某商家发现拍摄的女包商品图片存在污渍，若重新拍摄将造成时间和资源的浪费，因此商家决定让网店美工处理该商品图片并制作为海报，并要求在该海报中要体现女包的卖点，以促进女包销售。处理女包商品图片前后的对比效果如图3-92所示。

图3-92 处理女包商品图片前后的对比效果

1. 设计思路

处理该女包商品图片的设计思路如下。

（1）去除女包中的污点。

（2）为女包创建选区，抠取女包图片。

（3）将抠取的女包图片移动到背景中，调整女包的大小与位置。

（4）输入促销文字，以促进销售。

2. 知识要点

完成处理女包商品图片，大家需要掌握以下知识。

（1）使用"修补工具" 、"仿制图章工具" 去除污点。

（2）使用"对象选择工具" 、"魔棒工具" 选取对象。

（3）使用"横排文字工具" ，输入文字。

微课：处理女包
商品图片

3. 操作步骤

下面处理女包商品图片，具体操作如下。

步骤 01 打开"女包商品图片.png"素材文件（配套资源:\素材\第3章\女包商品图片.png），如图3-93所示，按【Ctrl+J】组合键复制图层。

图3-93 打开素材文件

步骤 02 选择"修补工具"，沿着中间的污渍拖动鼠标创建选区，在选区内按住鼠标左键不放向右拖动，此时可发现污渍已经消失，然后按【Ctrl+D】组合键取消选区，如图3-94所示。

图3-94 使用修补工具修补污点1

步骤 03 再次选择"修补工具"，沿着右下角的污渍拖动鼠标创建选区，注意这里不要框选带轮廓线的区域，因为若直接框选整个区域，拖动鼠标后将会造成轮廓线消失，应该在选区内按住鼠标左键不放向左拖动，此时可发现污渍已经消失，最后按【Ctrl+D】组合键取消选区，如图3-95所示。

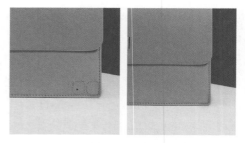

图3-95 使用修补工具修补污点2

步骤 04 选择"仿制图章工具"，按【[】键或【]】键调整印章大小，按【Alt】键在左侧虚线上取样。松开【Alt】键后，沿着虚线单击可发现单击处的虚线已经继续沿用取样样式，如图3-96所示。

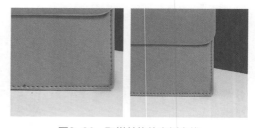

图3-96 取样并修补右侧虚线

步骤 05 再次使用"仿制图章工具"，对左侧上方的虚线进行取样，然后进行修补，效果如图3-97所示。

图3-97 取样并修补左侧虚线

步骤 06 选择"对象选择工具"，框选整个女包区域，此时可发现整个女包已被选中，但是细微处还是存在多选现象，如图3-98所示。

图3-98 框选整个女包

步骤 07 选择"魔棒工具" 🪄，在工具属性栏中单击"从选区减去"按钮 🔳，然后在多选区域单击鼠标，可发现多选区域已被减去，如图 3-99 所示。

图3-99 减去多余区域

步骤 08 打开"商品图片背景 .jpg"素材文件（配套资源:\素材\第3章\商品图片背景 .jpg），使用"移动工具" ➕ 将女包拖动到背景中，调整其大小和位置，如图 3-100 所示。

图3-100 添加背景

步骤 09 选择"横排文字工具" T，在工具属性栏中设置字体为"方正兰亭大黑简体"，颜色为"白色"，在商品图片左侧输入图 3-101 所示的文字，然后调整文字的大小和位置。

图3-101 输入文字

步骤 10 选择"圆角矩形工具" ▢，在工具属性栏中设置填充颜色为"#d87139"，半径为"20 像素"，然后在"点击查看"文字下方绘制一个圆角矩形，并调整其大小和位置。

步骤 11 保存文件，完成女包海报的制作，最终效果如图 3-102 所示（配套资源:\效果\第 3 章\女包海报 .psd）。

图3-102 最终效果

课后练习

（1）处理拍摄的樱桃图片（配套资源:\素材\第3章\樱桃.psd），通过输入文字、绘制矩形和正圆等操作来制作商品海报。樱桃图片调整前后的对比效果如图3-103所示（配套资源:\效果\第3章\樱桃.psd）。

图3-103　樱桃图片调整前后的对比效果

（2）使用钢笔工具、通道、计算等功能抠取拍摄的婚纱照（配套资源:\素材\第3章\婚纱图片.jpg）中的人物，并为其更换背景，制作美观的婚纱商品图片，调整前后的对比效果如图3-104所示（配套资源:\效果\第3章\婚纱图片.psd）。

图3-104　婚纱照调整前后的对比效果

第 **4** 章

网店首页视觉设计

　　网店首页具有展示网店商品、树立品牌形象、传递活动信息等作用，其视觉设计效果能够直接影响网店品牌宣传和消费者的购物体验。简洁、美观的网店首页更能引起消费者浏览页面与购买商品的欲望，因此，网店首页的视觉设计至关重要。

⊙ 技能目标

- 掌握店招与导航条的设计方法。
- 掌握轮播海报的设计方法。
- 掌握优惠券的设计方法。
- 掌握商品陈列区的设计方法。

⊙ 素养目标

- 培养读者对网店首页的布局能力。
- 培养读者对网店首页的分析与审美能力。

案例展示

4.1 店招与导航条设计

店招与导航条的主要作用是向消费者展示网店的店名、所销售的商品等。店招与导航条位于网店首页的最顶端，是消费者进入网店首页后看到的第一个模块，因此店招与导航条是网店首页设计的重中之重。

4.1.1 店招与导航条设计要点

店招一般指通栏店招，主要由页头背景、常规店招和导航条3部分组成，如图4-1所示。页头背景通常在店招的左右两侧，其宽度多为485像素，该区域通常不包含重要内容；常规店招的尺寸为950像素×120像素，用于展现店招信息，是Logo、网店名称、优惠信息等重要信息的展示窗口；店招的下方是导航条，其尺寸多为1920像素×30像素，用于展示网店的主营类目，方便消费者点击时快速跳转到对应页面。

图4-1 店招各部分

为了便于推广网店商品和树立品牌形象，网店美工在设计店招与导航条时，除了需要使其新颖别致、易于传播外，还应遵循以下两个基本原则。

- 植入品牌形象：网店美工在设计时可以通过网店名称、标志来植入品牌形象。
- 抓住商品定位：商品定位是指展示网店所卖商品的类别，精准的商品定位可以快速吸引目标消费群体进入网店。如图4-2所示，店招左侧的名称体现该网店的商品定位为"男装"，右侧放置的牛仔裤可以突出该网店热卖的商品种类为"牛仔裤"。这样的店招不仅能让消费者直观地看出该网店卖的是什么商品，还能让消费者知道其热卖商品的样式，有利于消费者准确判断该网店的商品是不是自己所需要的。

图4-2 男装店招

经验之谈：

为了便于店招的上传，页头背景图的大小最好小于200KB（Kilobyte，千字节），店招大小最好小于80KB，店招的格式也应设置成JPG、GIF、PNG等格式。

4.1.2　制作宠物用品店店招与导航条

"友猫"宠物用品店需要制作店招与导航条，用于展示网店的品牌形象和商品信息。网店美工可为宠物用品店制作通栏店招，制作时可先设计网店的品牌Logo，由于网店是猫咪宠物用品店，网店美工可以通过绘制猫咪的卡通形象来体现品牌形象，然后添加热卖商品、优惠信息，最后根据商品分类制作导航条，具体操作如下。

微课：制作宠物用品店店招与导航条

步骤 01 启动 Photoshop，选择【文件】/【新建】命令，打开"新建文档"对话框，设置名称为"店招与导航条"，宽度为"1920像素"，在右侧的下拉列表框中选择"像素"选项，设置高度为"150"，分辨率为"72 像素 / 英寸"，单击 创建 按钮，如图 4-3 所示。

图4-3　新建文件

步骤 02 按【Ctrl+R】组合键显示标尺，选择"矩形选框工具" ，在工具属性栏中设置样式为"固定大小"，宽度为"485像素"，在图像编辑区的左上角单击创建选区，从左侧的标尺上拖动参考线直到与选区右侧对齐，如图 4-4 所示，使用相同的方法在右侧创建参考线。

经验之谈：

由于每台计算机屏幕的大小不同，因此，其所显示的店招范围也不同，为了保证店招中的信息显示完整，网店美工需要在两边留出485像素的宽度，不放置任何信息，即页头背景区域。

图4-4　添加参考线

步骤 03 为了增强网店的品牌性和识别性，在设计店招前需要先制作 Logo。这里选择"圆角矩形工具" ，在工具属性栏中设置填充颜色为"#004c98"，半径为"20 像素"，然后在图像的左侧沿着参考线绘制一个 140 像素 ×110 像素的圆角矩形，效果如图 4-5 所示。

图4-5　绘制圆角矩形

步骤 04 选择"钢笔工具" ，在工具属性栏中设置绘图模式为"形状"，取消填充，设置描边为"白色"，描边宽度为"2点"，然后在圆角矩形上方绘制猫咪头部的形状，如图4-6所示。

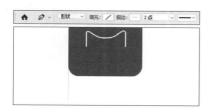

图4-6　绘制形状

步骤 05　选择"椭圆工具"，在工具属性栏中设置绘图模式为"形状"，设置填充颜色为"白色"，取消描边，然后在猫咪头部下方绘制"13 像素 ×13 像素"的正圆，效果如图4-7所示。

图4-7　绘制圆

步骤 06　使用相同的方法绘制另一只眼睛、鼻子和爪子部分，当绘制爪子对应的圆时，可取消填充，设置描边颜色为"白色"，描边大小为"2 像素"，然后再绘制圆并将其倾斜显示，如图4-8所示。

图4-8　绘制其他圆

步骤 07　选择"钢笔工具"，然后在鼻子处绘制嘴巴部分，如图4-9所示。

步骤 08　为了提高猫咪图形的美观度和立体感，可为形状添加阴影效果。新建图

层，设置前景色为"白色"，选择"画笔工具"，在工具属性栏中设置大小为"2像素"，画笔样式为"硬边圆"，然后在猫咪头部形状中绘制阴影部分，效果如图4-10所示。

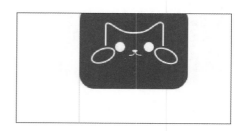

图4-9　绘制嘴巴部分

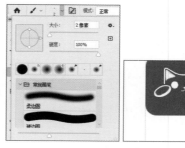

图4-10　绘制阴影部分

步骤 09　选择"矩形工具"，设置填充颜色为"白色"，在爪子的下方绘制80 像素 ×15 像素的矩形。选择"直线工具"，在矩形的下方绘制填充颜色为"白色"，大小为"80 像素 ×1 像素"的直线，效果如图4-11所示。

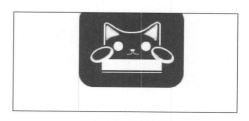

图4-11　绘制直线

步骤 10　选择"横排文字工具"，在工具属性栏中设置字体为"方正剪纸简体"，

颜色为"#004c98"，字体大小为"15点"，然后在矩形上方输入"YOUMAO"文本，完成品牌Logo的制作，如图4-12所示。

图4-12 输入文本

步骤 11 店招中除了有Logo外，还包含网店名称、热卖商品、优惠券等内容，方便消费者快速了解该网店信息。这里再次选择"横排文字工具" T.，在工具属性栏中设置字体为"方正黑变简体"，颜色为"黑色"，然后在品牌Logo右侧输入图4-13所示的文本，并旋转"YOUMAO"文字方向，然后调整文字的大小和位置。

图4-13 输入其他文字

步骤 12 选择"椭圆工具" ○.，在"YOUMAO"文字的上方绘制颜色为"#004c98"，大小为"9像素×9像素"的正圆，如图4-14所示。

图4-14 绘制正圆

步骤 13 选择"直线工具" /.，在工具属性栏中设置描边颜色为"黑色"，描边宽度为"1像素"，然后拖动鼠标指针在文字右侧绘制一条高为"100像素"的竖线。

步骤 14 选择"横排文字工具" T.，在工具属性栏中设置字体为"方正鲁迅行书简"，颜色为"黑色"，字体大小为"40点"，然后在竖线的右侧输入"宠物有好货！"文本，如图4-15所示。

图4-15 输入"宠物有好货！"文本

步骤 15 打开"商品图片1.png"素材文件（配套资源:\素材\第4章\商品图片1.png），将素材拖动到文字右侧并调整大小和位置。

步骤 16 选择"横排文字工具" T.，在工具属性栏中设置字体为"方正粗圆简体"，颜色为"#004c98"，然后输入图4-16所示的文本，并调整文字的大小和位置，以及修改"¥"和"5"文字的字体为"方正大黑简体"。

图4-16 输入优惠文字

步骤 17 选择"圆角矩形工具" ○.，在工具属性栏的"填充"下拉列表框中单击"渐变"按钮 ■，设置渐变颜色为"#006dcc"～"#5fbb8c"，然后在"远离耳臭耳垢"文本下方绘制"110像素×22像素"的圆角矩形，然后在圆角矩形上方输入"立即购买"文本，如图4-17所示。

步骤 18 双击"5"图层右侧的空白区域，打开"图层样式"对话框，单击选中"渐变叠加"复选框，设置渐变颜色为"#066cd0"～"#5fbb8c"，单击 确定 按钮，如图4-18所示。

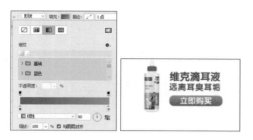

图4-17　绘制圆角矩形并输入文字

图4-18　设置渐变叠加

步骤 19 选择"5"图层，在其上单击鼠标右键，在弹出的快捷菜单中选择"拷贝图层样式"命令，然后在"¥"图层上单击鼠标右键，在弹出的快捷菜单中选择"粘贴图层样式"命令，粘贴图层样式，效果如图4-19所示。

图4-19　粘贴图层样式

步骤 20 选择"矩形工具" □，设置填充颜色为"#004c98"，在店招的底部绘制"1920像素×30像素"的矩形，如图4-20所示。

图4-20　绘制矩形

步骤 21 选择"横排文字工具" T，输入图4-21所示的文本，设置字体为"思源黑体CN"，调整文字的大小和位置，完成导航条的制作。选择【文件】/【存储为】命令，打开"另存为"对话框，在"保存类型"下拉列表中选择"JPEG（*.JPG；*.JPEG；*.JPE）"选项，单击 保存(S) 按钮（配套资源:\效果\第4章\店招与导航条.psd、店招与导航条.jpg）。

图4-21　输入导航条文字

4.2　轮播海报设计

轮播海报一般位于店招的下方，主要展示网店当前活动的主题、主推的商品或具体的优惠信息等。轮播海报至少要有两张，并且其内容要突出活动和商品的卖点，效果要有较强的视觉吸引力。

4.2.1　不同轮播海报的尺寸要求

轮播海报的尺寸与网店的布局紧密相关，网店美工可以根据需要设置常规轮播海报和全屏轮播海报两种样式。

● 常规轮播海报尺寸：使用淘宝中的"轮播海报"模块可以制作常规轮播海报，其高度要求在100像素～600像素，按宽度可细分为左侧轮播海报（宽度：190像素）、右侧轮播海报（宽度：750像素）和通栏轮播海报（宽度：950像素）。图4-22所示为常规轮播海报。

左侧轮播海报

右侧轮播海报

通栏轮播海报

图4-22　常规轮播海报

● 全屏轮播海报尺寸：全屏轮播海报宽度为1920像素，高度一般为450像素～900像素，如图4-23所示，但是该轮播海报需要付费开通或利用"自定义区"模块进行装修。

图4-23　全屏轮播海报

↘ 4.2.2 轮播海报设计要点

轮播海报是多张海报循环播放后形成的。要使轮播海报具有美观、吸引消费者注意力的效果，网店美工就要综合考虑每张海报的主题、构图和配色等设计要点。

● 主题：无论是新品上市还是活动促销，轮播海报中的主题都需要围绕同一个方向，并确定对应的轮播海报效果。一般情况下，网店美工可通过商品和文字描述来体现海报主题，并将主体物放在海报的第一视觉点，让消费者直观地看到出售的商品，然后根据商品和活动的特征选择合适的背景。在编辑文案时，文案的字体不要超过3种，建议用稍大或个性化的字体突出主题和商品的特征。图4-24所示为主题明确的轮播海报，该轮播海报直接运用模特展现不同颜色的女包，然后添加商品说明文字，画面整体显得简洁、美观。

图4-24 主题明确的轮播海报

● 构图：构图的好坏直接影响海报的效果，构图方式主要有左右构图、左中右三分式构图、上下构图和斜切构图4种，图4-25所示为左右构图的轮播海报。

认识4种构图方式

图4-25 左右构图的轮播海报

● 配色：网店美工在配色时，对重要的文字信息需要用突出醒目的颜色进行强调，通过明暗对比以及不同颜色的搭配来确定对应的风格，应使其背景颜色统一，不要使用太多的颜色，以免使画面显得杂乱。图4-26所示为配色简单的轮播海报。

图4-26　配色简单的轮播海报

4.2.3　制作宠物用品店轮播海报

"友猫"宠物用品店需要在导航条的下方制作色调为蓝色、尺寸为1920像素×800像素的两张轮播海报。第一张海报以新品宣传为出发点，整个海报要突出显示新品信息，且要美观、简洁；第二张海报要通过商品的使用场景来体现商品，要求简单、直观，具体操作如下。

微课：制作宠物用品店
轮播海报

步骤 01　启动 Photoshop，选择【文件】/【新建】命令，打开"新建文档"对话框，设置其名称为"轮播海报"，宽度为"1920 像素"，设置高度为"800 像素"，分辨率为"72 像素 / 英寸"，单击 创建 按钮。

步骤 02　选择"矩形工具" ▭，设置填充颜色为"#004c98"，然后绘制"1920像素 ×800 像素"的矩形。

步骤 03　打开"云层 .png"素材文件（配套资源:\ 素材 \ 第 4 章 \ 云层 .png），将其拖动到海报中，并调整其大小和位置，效果如图 4-27 所示。

步骤 04　双击云朵图层，打开"图层样式"对话框，选中"颜色叠加"复选框，设置叠加颜色为"#013970"，单击 确定 按钮，如图 4-28 所示。

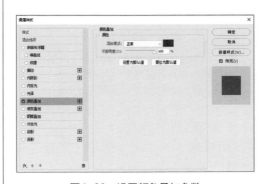

图4-28　设置颜色叠加参数

步骤 05　返回图像窗口，在"图层"面板中设置不透明度为"80%"，完成背景的制作，效果如图 4-29 所示。

图4-27　添加背景

图4-29　完成背景制作后的效果

步骤 06 打开"猫粮 .png、装饰 .png"素材文件(配套资源 :\ 素材 \ 第 4 章 \ 猫粮 .png、装饰 .png)，将商品素材和装饰素材拖动到海报中，并调整其大小和位置，效果如图 4-30 所示。

图4-30　添加素材

经验之谈：

制作全屏海报时，网店美工需要在图片的左右两侧留宽度为360像素的空白区域，且不放置重要的商品图片与文案。

步骤 07 双击商品所在的图层，打开"图层样式"对话框，选中"投影"复选框，设置不透明度为"18%"，距离为"29 像素"，大小为"35 像素"，单击 确定 按钮，如图 4-31 所示。

步骤 08 返回图像窗口，可发现选择的商品已经添加投影，然后选择该商品所在的图层，在其上单击鼠标右键，在弹出的快捷菜单中选择"拷贝图层样式"命令，然后在其他需要添加投影的图层

上单击鼠标右键，在弹出的快捷菜单中选择"粘贴图层样式"命令，粘贴图层样式，效果如图 4-32 所示。

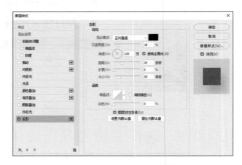

图4-31　设置投影参数

图4-32　添加投影后的效果

步骤 09 选择"横排文字工具"，输入图 4-33 所示的文字，设置字体为"思源黑体 CN"，调整字体的大小和位置。使用"直线工具"在"天然鸡肉 | 易消化 | 易吸收"文字的上下两边分别绘制粗细为"1 像素"的直线。

图4-33　输入文字

步骤 10 选择"圆角矩形工具" 〔〕，设置填充颜色为"#011513"，在"新品上市 | 半价试用"文字图层下方绘制半径为"30"、大小为"538 像素 ×76 像素"的圆角矩形，设置该形状图层的不透明度为 20%。

步骤 11 完成后保存文件为 PSD 格式和 JPG 格式，效果如图 4-34 所示（配套资源 :\ 效果 \ 第 4 章 \ 轮播海报 .psd、轮播海报 .jpg）。然后使用相同的方法，使用"轮播海报 2 背景 .jpg"素材文件（配套资源 :\ 素材 \ 第 4 章 \ 轮播海报 2 背景 .jpg）制作第 2 张轮播海报，效果如图 4-35 所示（配套资源 :\ 效果 \ 第 4 章 \ 轮播海报 2.psd、轮播海报 2.jpg）。

图4-34 完成轮播海报1的制作

图4-35 完成轮播海报2的制作

4.3 优惠券设计

优惠券是商家为了吸引消费者的注意力并刺激消费者产生购买行为所采用的促销手段。在网店首页中，优惠券一般位于轮播海报的下方，其中的优惠金额是消费者第一眼所关注到的信息，因此，网店美工在设计优惠券时要尽量将优惠金额设计得醒目一些。除此之外，网店美工在设计之前还需要了解优惠券的设计原则。

↘ 4.3.1 优惠券的设计原则

优惠券在首页中展示的信息有限，一般只展示优惠的数字，但一张完整的优惠券内还包括很多信息，这些信息只有在消费者点击领取后才会显示，具体介绍如下。

- 优惠券的使用范围：明确使用的网店名称，以及使用的方式（是在全店通用，还是在店内的单款、新品或者某系列商品上使用），以此限定消费者将要消费的对象，起到引导流量走向的作用。

- 优惠券的使用条件限制：在一定条件下才能使用优惠券，这种条件的限制在刺激消费者消费的同时，可以最大限度地保障网店的利润空间。

- 优惠券的使用时间限制：一般情况下，如果网店是短期推广，应当限定使用日期，如3天、7天等。这容易使消费者产生过期浪费的心理，从而提高消费者对优惠券的使用率。

- 优惠券的使用张数限制：防止折上折的情况出现，如"每笔订单限用一张优惠券"。

- 优惠券的最终解释权：用于保留网店在法律上的权利，避免在后期活动执行时出现不必要的纠纷，如"优惠券的最终解释权归本店所有"。

↘ 4.3.2 制作宠物用品店优惠券

为了贴合前面制作的店招与海报风格，网店美工在制作优惠券时，将继续沿用前面店招的颜色，并罗列出不同面值的优惠券，具体操作如下。

微课：制作宠物用品店优惠券

步骤 01 新建大小为"1920 像素 ×500 像素"、分辨率为"72 像素 / 英寸"、名称为"优惠券"的文件。选择"矩形工具" □，设置填充颜色为"#004c98"，绘制"1920 像素 ×500 像素"的矩形；设置填充颜色为"白色"，然后在矩形的上方绘制大小为"1020 像素 ×350 像素"的矩形，如图 4-36 所示。

图4-36 绘制矩形

步骤 02 选择"圆角矩形工具" □，在工具属性栏中设置半径为"20 像素"，设置填充颜色为"白色"，设置描边颜色为"#004c98"，设置描边宽度为"1 点"，然后在矩形中绘制"180 像素 ×220 像素"的圆角矩形，如图 4-37 所示。

图4-37 绘制圆角矩形

步骤 03 选择"横排文字工具" T，设置字体为"方正兰亭大黑简体"，设置颜色为"白色"，并输入顶部文字；再设置颜色为"#004c98"，输入优惠券信息，然后调整文字的大小和位置，如图 4-38 所示。

图4-38 输入优惠券内容

步骤 04 选择"矩形工具" ▢，在工具属性栏中设置填充颜色为"#004c98"，在"满58元使用"文本下方绘制"110像素×30像素"的矩形，使用"横排文字工具" T 在矩形上方输入"点击使用"文本，并调整文字的字体、字号和位置，如图4-39所示。

图4-39　输入"点击使用"文字

步骤 05 选择所有优惠券图层，按【Ctrl+G】组合键将其创建为组1，选择

"移动工具" ✛，在工具属性栏中设置自动选择为"组"，按【Alt】键移动并复制组，得到其他3张优惠券，然后调整各个优惠券的位置，如图4-40所示。

图4-40　复制优惠券

步骤 06 修改优惠券的券面金额与满减条件，并调整其位置，完成后保存图片，完成优惠券的制作，最终效果如图4-41所示（配套资源:\ 效果\ 第4章\ 优惠券 .psd、优惠券 .jpg）。

图4-41　最终效果

4.4　商品陈列区设计

商品陈列区是网店首页视觉设计的重点模块，主要用于展示网店中的主推商品，向消费者直接推广网店中的单品，从而引导消费点击浏览和购买，因此在设计商品陈列区时，主要以展示促销商品为主。

4.4.1　商品陈列区的设计要点

网店美工在制作商品陈列区时，为了优化商品陈列区的效果，设计时可从以下3个方面入手。

● 商品陈列区中的商品名称：商品陈列区中每一个商品的名称定义要全面、准确，不能过于复杂或过于简单，以能体现商品名字和特点的名称为最佳。

● 商品陈列区中的商品展示：商品陈列区一般放置容易吸引消费者注意力的重要商品，除了展示外观较为漂亮的商品外，还可选择临近下架时间的商品。因为临近下架时间的商品获得优先展示的机会，就有一定的概率让消费者优先看到这些商品并进行购买，但要注意，若商品已下架应及时进行处理，避免出现空位的情况。

● 商品陈列区中的商品数量：网店中的商品数量要足够，因为只有足够多的商品数量才能支持网店商品的上架和推荐，同时也便于网店美工进行模块设计。

↘ 4.4.2 制作宠物用品店商品陈列区

"友猫"宠物用品店需要展示网店中的其他商品，可通过海报和商品陈列区展示，但海报一般展示新品或热卖商品，其他商品则需要通过商品陈列区来展示。网店美工在设计商品陈列区时，可将其分为店长推荐和热销区两部分，方便展现不同的商品，具体操作如下。

微课：制作宠物用品店商品陈列区

步骤 01 新建大小为"1920 像素 ×3730 像素"、分辨率为"72 像素 / 英寸"、名称为"商品陈列区"的文件。

步骤 02 选择"矩形工具" ▢，设置填充颜色为"#f0f3f9"，并绘制两个"1290 像素 ×590 像素"的矩形，如图 4-42 所示。

图4-42 绘制矩形

步骤 03 打开"商品图片 2.jpg、商品图片 3.jpg"素材文件（配套资源 :\ 素材 \ 第 4 章 \ 商品图片 2.jpg、商品图片 3.jpg）。

步骤 04 将"商品图片 2、商品图片 3"拖动到图 4-43 所示的矩形上，并调整其大小和位置，分别将素材所在的图层移

至对应的矩形图层上方，然后打开"图层"面板，在其上单击鼠标右键，在弹出的快捷菜单中选择"创建剪贴蒙版"命令，并将素材置入矩形。

图4-43 拖动素材

步骤 05 选择"横排文字工具" T，设置字体为"方正兰亭大黑简体"，颜色为"#2671b9"，输入"店长推荐""Manager Recommend"文本。

步骤 06 继续选择"横排文字工具" T，设置字体为"方正黑体 _GBK"，颜

色为"#414143",输入图 4-44 所示文字，然后调整文字的大小和位置。

图4-44 输入文字

步骤 07 选择"矩形工具" ▢，设置填充颜色为"#414143"，在"店长推荐"下方绘制"150 像素 ×8 像素"的矩形；再次选择"矩形工具" ▢，设置填充颜色为"#ec6941"，在"远程喂食""可训犬"文字下方分别绘制"120 像素 ×8 像素"和"100 像素 ×8 像素"的矩形，效果如图 4-45 所示。

图4-45 绘制矩形

步骤 08 打开"商品图片 4.png、商品图片 5.png、商品图片 6.png"素材文件（配

套资源 :\ 素材 \ 第 4 章 \ 商品图片 4.png、商品图片 5.png、商品图片 6.png），将素材拖动到矩形下方，并调整其大小和位置。

步骤 09 选择"横排文字工具" T，设置字体为"方正兰亭大黑简体"，颜色为"#414143"，并输入商品名称。

步骤 10 继续选择"横排文字工具" T，设置字体为"方正黑体 _GBK"，颜色为"#00498f"，输入商品卖点，然后调整文字的大小和位置，如图 4-46 所示。

图4-46 添加图片并输入文字

步骤 11 选择"矩形工具" ▢，设置填充颜色为"#e7e6e8"，在下方绘制"1920 像素 ×1094 像素"的矩形；再次选择"矩形工具" ▢，设置填充颜色为"#f0f3f9"，在矩形的上方绘制"1290 像素 ×586 像素"的矩形，如图 4-47 所示。

图4-47 绘制矩形

步骤 12 打开"商品图片 7.png"素材文件（配套资源 :\ 素材 \ 第 4 章 \ 商品图片 7.png），将素材拖动到矩形上方，调整其大小和位置，并按【Ctrl+Alt+G】组合键创建剪贴蒙版。

步骤 13 打开"图层"面板，选择"商品图片7"素材所在图层，单击"添加图层蒙版"按钮 ▣，设置前景色为"黑色"，选择"画笔工具" ✎，在图片左侧边缘处进行涂抹，使图片与矩形过渡自然，如图4-48所示。

图4-48　置入图片素材

步骤 14 选择"矩形工具" ▢，设置填充颜色为"#414143"，绘制"1290像素×580像素"的矩形，然后设置不透明度为"15%"，并将其移动到猫咪图像的上方。

步骤 15 选择"横排文字工具" T，设置字体为"方正兰亭大黑简体"，设置颜色为"#2671b9"，输入"热销区""热销单品一"文本。

步骤 16 再次选择"横排文字工具" T，设置字体为"方正黑体_GBK"，文本颜色为"白色"，输入"猫咪热销单品"文字，然后调整字体的大小和位置。

步骤 17 选择"矩形工具" ▢，设置填充颜色为"#414143"，在"热销区"文字下方绘制"150像素×8像素"的矩形，如图4-49所示。

图4-49　输入文字并绘制矩形

步骤 18 选择"圆角矩形工具" ▢，设置填充颜色为"白色"，半径为"20"，绘制8个"310像素×400像素"的圆角矩形。

步骤 19 打开"商品图片8.png~商品图片15.png"素材文件（配套资源:\素材\第4章\商品图片8.png~商品图片15.png），将素材拖动到圆角矩形上方，如图4-50所示。

图4-50　添加素材

步骤 20 选择"横排文字工具" T，设置字体为"方正兰亭大黑简体"，颜色为"#8d8e8f"，输入文本，然后调整字体的大小和位置，如图4-51所示。

图4-51　添加文字

步骤 21 完成后保存图片，完成商品陈列区的制作,最终效果如图4-52所示（配套资源:\效果\第4章\商品陈列区.psd、商品陈列区.jpg）。

图4-52　最终效果

4.5 实战演练

4.5.1 制作女装店铺店招与导航条

"傻羽"店铺在春节即将到来之际，准备开展春节促销活动。网店需要重新设计网店首页，体现春节的祝福、团结等寓意，以及活动热烈和欢乐的氛围。首先需要设计店招与导航条，在店招与导航条的布局上，要求体现热卖商品、优惠券和商品品类等信息，方便消费者快速选购商品；在颜色的选择上需要渲染新年热闹、喜庆的氛围，最终参考效果如图4-53所示。

图4-53 店招与导航条效果

 设计素养：

春节即中国农历新年，俗称新春、新岁、岁旦等。春节有各种传统习俗，如办年货，祭灶，扫尘，贴春联、窗花、年画，发压岁钱等，形式丰富多彩。在设计与春节相关的作品时，可选用红色、黄色、绿色等作为主色，并融入传统习俗的元素，以体现春节的喜庆和欢乐。

1. 设计思路

制作本例店招与导航条的设计思路如下。

（1）规划店招与导航条的结构。新建文件，创建空白区域与导航区域的辅助线。

（2）制作店铺标志。输入文字并设置文字格式，制作文字类型的网店Logo。

（3）展示店招信息。结合图片素材、形状和文字，展示热卖商品。

（4）制作优惠券。通过绘制矩形、直线，并添加文字来制作优惠券。

（5）制作导航条。输入导航条文本并添加标签。

2. 知识要点

完成本例店招与导航条的制作，需要掌握以下知识。

（1）店标的设计。将品牌的名称、名称缩写或抽取的个别有趣的文字，通过排列、扭曲、颜色变化等方法来制作成店标。

（2）导航条的设计。导航条需要与店招的风格和颜色相互呼应，为了便于查看，设计导航条时要尽量简洁。

（3）文本的输入。使用"横排文字工具" **T.** 和"直排文字工具" **↓T** 输入文本，并设置文本的字体、大小、颜色、字形、字间距等。

（4）图形的绘制。使用"矩形工具"  、"直线工具" ╱ 和"自定形状工具" 🐾 绘制图形。

3．操作步骤

下面开始制作女装店铺店招，具体操作如下。

步骤 01 新建大小为"1920 像素 ×150 像素"、背景为"白色"、分辨率为"72 像素 / 英寸"、名称为"女装店招与导航条"的文件，按【Ctrl+R】组合键显示标尺，创建距离左右两边为 485 像素、距离下边 30 像素的参考线。

步骤 02 选择"横排文字工具" ，设置字体为"ParisianC"，字体大小为"46 点"，颜色为"黑色"，字距为"50"，输入"SHAYU"文本；设置字体为"黑体、仿粗体"，字体大小为"20 点"，输入"傻羽""®"文本；设置字体为"汉仪细圆简"，字体大小为"13 点"，颜色为"#908f8f"，输入"专注每一个细节"文本；设置字体大小为"12 点"，颜色为"黑色"，输入"收藏店铺"文本，效果如图 4-54 所示。

图4-54　输入文本

步骤 03 选择"自定形状工具" 🐾，在工具属性栏中设置填充颜色为"#e71f19"，选择心形形状，并在"收藏店铺"左侧绘制收藏图标，如图 4-55 所示。

图4-55　绘制收藏图标

步骤 04 选 择 " 矩形工具" ，在工具属性栏中设置填充颜色为"#da2944"，绘制"160 像素 ×110 像素"的矩形，然后复制 3 个相同的矩形，并进行排列，如图 4-56 所示。

图4-56　绘制并复制矩形

步骤 05 打开"女装店招"素材文件（配套资源:\ 素材 \ 第 4 章 \ 女装店招 \），将素材拖动到 3 个矩形图层上。在图片图层上单击鼠标右键，在弹出的快捷菜单中选择"创建剪贴蒙版"命令，使用下层的矩形裁剪素材，调整素材的大小与位置，如图 4-57 所示。

图4-57　打开素材文件

步骤 06 选择"直排文字工具" ，设置字体为"黑体"，字体大小为"18 点"，颜色为"白色"，输入图 4-58 所示的文本。

图4-58　输入文本

步骤 07 选择"矩形工具" ，在工具属性栏中设置填充颜色为"#f9d291"，在右侧的矩形上绘制"160 像素 ×26 像素"的矩形；选择"直线工具" ╱，在工具属性栏中设置填充颜色为"#ffffff"，设置描边宽度为"2像素"，再按住【Shift】键绘制两条高为112像素的直线平均分割矩形，并将矩形分割为3个部分。

步骤 08 选择"横排文字工具" T，设置字体为"方正美黑简体"，颜色为"白色"，输入优惠金额与使用条件文本；将颜色更改为"#da2944"，输入"抢先领＞"文本，调整文本的大小，如图4-59所示。

图4-59 制作优惠券

步骤 09 选择"横排文字工具" T，设置字体为"黑体"，字体大小为"17点"，输入导航条文本。

步骤 10 设置前景色为"#df1933"，选择"钢笔工具" ，在"首页"文字左侧绘制首页图标；选择"自定形状工具" ，在工具属性栏中设置填充颜色为"#da2944"，选择标注形状，在"2022年秋冬新品"文字右上角绘制标签，并输入"hot"文本，最终效果如图4-60所示（配套资源:\效果\第4章\女装店招和导航条.psd）。

图4-60 制作优惠券最终效果

4.5.2 制作女装店铺海报

除了店招与导航条外，该服装店铺还需要重新设计海报，要求海报的整体色调和颜色与店招统一，并通过搭配与春节相关的素材，如红灯笼、红包、窗花等，体现春节的热闹与喜庆。海报内容则要展示春节促销活动的时间、折扣等，如"春节不打烊""全场商品5折起"等，以刺激消费者的购买欲望，参考效果如图4-61所示。

图4-61 女装店铺海报参考效果

1. 设计思路

制作本例中的海报的设计思路如下。

（1）规划海报结构。采用左右构图展示海报信息，左侧为文字，右侧为图片。

（2）确定主色调。通过红色营造春节的氛围。

（3）制作背景。通过素材与"矩形工具" □ 的运用制作背景。

（4）丰富海报内容。在页面左侧添加文本，在页面右侧添加女装模特素材，并为女装模特添加投影，增加其立体感。

2. 知识要点

完成本例海报的制作，需要掌握以下知识。

（1）海报设计要点。海报需要具有强烈的视觉冲击力，网店美工可以通过图片和色彩来实现；海报表达的内容越精练，主题文字越醒目，其更能够抓住消费者的主要诉求点；海报内容不可过多，一般以图片为主，文案为辅。

（2）文本的输入。使用"横排文字工具" T 和"直排文字工具" IT 输入文本，并设置文本的字体、大小、颜色等。

微课：制作女装店铺
海报

3. 操作步骤

下面开始制作女装店铺海报，具体操作如下。

步骤 01 新建大小为"1920 像素 ×650 像素"、分辨率为"72 像素 / 英寸"、名称为"女装海报"的文件。

步骤 02 打开"女装海报背景 .jpg"素材文件（配套资源:\ 素材 \ 第 4 章 \ 女装海报背景 .jpg），将素材拖动到"女装海报 .psd"文件中，如图 4-62 所示。

图4-62　添加背景素材

步骤 03 打开"女装模特 .png"素材文件（配套资源:\ 素材 \ 第 4 章 \ 女装模特 .png），将女装模特拖动到"女装海报 .psd"文件中，调整图片大小与位置，如图 4-63 所示。

步骤 04 双击模特素材所在图层右侧的空白区域，在打开的对话框的左侧列表中单击选中"投影"复选框，设置混合模式、不透明度、角度、距离、大小分别为"叠加""49%""120 度""27 像素""54 像素"，单击 确定 按钮，如图 4-64 所示。

图4-63　添加人物素材

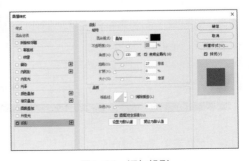

图4-64　添加投影

步骤 05 选择"横排文字工具" T ，输入图 4-65 所示的文本，设置字体为"方正综艺简体"，然后设置"春节不打烊"文本的颜色为"#ed1a3b"，"春 | 节 | 大 | 惠 | 聚"文本的颜色为"#b51d23"，其他文字的颜色为"白色"，调整文字的大小和位置。

步骤 06 选择"圆角矩形工具" ▢ ，在工具属性栏中设置填充颜色为"#ec061e"，在"全场商品 5 折起"文字下方绘制"480像素 ×80 像素"的圆角矩形。

步骤 07 选择"矩形工具" ▢ ，在工具属性栏中设置填充颜色为"#ed1a3b"，在"不打烊"文字上方和右侧绘制矩形。

步骤 08 保存海报，完成海报的制作，效果如图 4-66 所示（配套资源 :\ 效果 \ 第 4 章 \ 女装海报 .psd ）。

图4-65　输入文本

图4-66　海报最终效果

课后练习

（1）制作"ANNA SHOP"女包店铺的店招与导航条，要求店铺简洁大气，不使用过多装饰，直接展示女包店铺的名称。制作后的效果如图4-67所示（配套资源:\效果\第4章\女包店招与导航条.psd）。

图4-67　店招与导航条效果

（2）使用"女包商品陈列区"素材文件夹（配套资源:\素材\第4章\女包商品陈列区\）中的素材制作女包商品陈列区，要求整体以图片为主，搭配少量文字，营造简约、时尚的氛围。制作时先确定店铺的简约风格，保证能够突出展示商品，然后再制作分类模块和热门推荐模块。制作后的效果如图4-68所示（配套资源:\效果\第4章\女包商品陈列区.psd）。

图4-68 女包商品陈列区制作后的效果

第 **5** 章

商品详情页视觉设计

　　消费者在淘宝网首页搜索商品并单击商品主图后，会直接进入商品详情页。据统计，约99%的消费者是在查看商品详情页后才产生购买行为的。由此可知，商品详情页的视觉设计是至关重要的，只有做好详情页的视觉设计，才能进一步提高商品成交量。

ⓒ 技能目标

- ● 掌握商品详情页的设计要点。
- ● 掌握商品详情页的设计方法。

ⓢ 素养目标

- ● 培养读者对商品详情页的布局与展现能力。
- ● 培养读者对商品详情页内容的整理能力。

案例展示

品　牌：	友猫
品　名：	混合猫砂
净含量：	6L/2.4kg
主要成分：	豌豆纤维、淀粉
保质期：	3年
存储方法：	避光、干燥
适用对象：	全阶段猫咪适用
注意事项： 为防止细菌滋生，请尽量将猫砂放于干燥洁净环境下使用。本产品为可燃物，请远离火源。	

5.1 商品详情页设计要点

商品详情页不仅能向消费者展示商品的规格、颜色、细节、材质等具体信息，还能展示商品的优势。消费者是否喜欢该商品，常取决于商品详情页是否能打动消费者。所以，网店美工在设计商品详情页时，需要尽可能多地展现商品的卖点，吸引消费者的注意力并刺激消费者产生购买行为。

↘ 5.1.1 商品详情页制作规范

美观的商品详情页可以吸引消费者的注意力和兴趣，从而提高商品销量。为了使商品详情页规范完整，网店美工在制作商品详情页前需要先了解制作规范。

- 商品详情页的风格应该与店标和店招等风格一致，以免造成页面整体不协调的问题。
- 商品详情页的内容一般都比较多，为了避免消费者在浏览商品详情页时出现加载过慢的问题，装修时最好不要使用尺寸太大的图片。
- 在店铺管理页面中直接制作商品详情页十分不方便，因此网店美工可先通过Photoshop制作好商品详情页，再进行上传。
- 淘宝网对商品详情页的尺寸一般没有具体要求，但其宽度一般在750像素以内。

↘ 5.1.2 商品详情页的内容分析与策划

商品详情页的内容需要根据商品的特色进行策划，对于标准化商品，如数码类商品，消费者大多是基于理性购买的，关注的重点多为商品的功能性，此时就需要涉及细节展示、宝贝参数、功能展示等模块；而对于非标准化商品，如女装、手包、珠宝饰品类商品，消费者更多的是基于冲动购买的，此时商品的展示、场景的烘托等就显得尤为重要。总之，要使详情页的内容引起消费者的兴趣，网店美工在策划模块时就需要把握以下4点。

- 激发兴趣和潜在需求：网店美工可在商品详情页中加入创意焦点图来吸引消费者的注意力，焦点图上可以呈现商品的销量优势、功能特点、促销信息等，以激发消费者的潜在需求。
- 赢得消费者信任：网店美工若想通过商品详情页赢得消费者信任，可从商品细节、消费者痛点和商品卖点、同类商品对比、第三方评价、品牌附加值、消费者情感等方面入手。图5-1所示为赢得消费者信任，通过对比使用磨砂膏去除死皮的前后效果，说服消费者购买的商品详情页内容。
- 替消费者做决定：网店美工可通过品牌介绍、限制优惠时间等手段号召犹豫不决的消费者快速下单。图5-2所示为超值购买商品详情页，通过"超值装20斤"文字来刺激犹豫不决的消费者快速下单。

图5-1 赢得消费者信任　　　　　　图5-2 超值购买商品详情页

● **宝贝推荐**：若消费者浏览完整个商品详情页后仍然没有下单，网店美工可通过"宝贝推荐"模块推荐商品，给消费者更多选择与下单的机会。图5-3所示为某蒸锅的宝贝推荐。

图5-3 某蒸锅的宝贝推荐

5.2　商品详情页设计

　　商品详情页是促成消费者下单的关键页面，因此商品详情页的视觉设计就显得尤为重要。商品详情页设计主要包括焦点图、卖点说明图、信息展示图、快递与售后图的设计。

↘ 5.2.1　焦点图设计

　　焦点图一般位于宝贝基础信息下方，由商品、主题与卖点3个部分组成，它通过突出商品优势以及放大商品的特点来吸引消费者的注意力并促使其产生购买行为。"友猫"宠物用品店需要为上新的猫砂设计大小为750像素×1200像素的焦点图来吸引消费者，由于该猫砂的包装以蓝色为主色，为了使焦点图与包装统一，网店美工在设计上可以继续沿用蓝色作为主色，并以包装图案作为设计点，再加入猫咪元素和说明文字来体现主题，然后在其上添加网店Logo，达到宣传网店的目的，具体操作如下。

微课：焦点图设计

步骤 01 新建大小为"750 像素 ×1200 像素"、分辨率为"72 像素 / 英寸"、名称为"猫砂焦点图"的文件。

步骤 02 为了凸显商品，在制作焦点图前需要先制作背景。设置前景色为"#f0f7f0"，按【Alt+Delete】组合键填充前景色。

步骤 03 选择"椭圆工具" 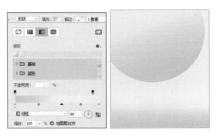，在工具属性栏中打开"填充"下拉列表框，单击"渐变"按钮 ，设置渐变颜色为"#fdbda3"～"#e6fffc"，渐变样式为"线性"，渐变角度为"110"，然后在焦点图的左上角绘制"790 像素 ×790 像素"的正圆，如图 5-4 所示。

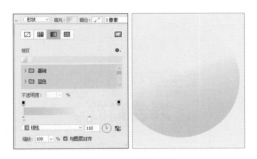

图5-5 绘制矩形渐变

图5-6 绘制圆

步骤 06 打开"猫咪 .png、猫砂 .png、散装猫砂 .png"素材文件（配套资源 :\ 素材 \ 第 5 章 \ 猫咪 .png、猫砂 .png、散装猫砂 .png），将素材拖动到"猫砂焦点图"文件的底部，调整其大小与位置，如图 5-7 所示。

图5-4 绘制渐变圆

步骤 04 选择"矩形工具" ，在工具属性栏中打开"填充"下拉列表框，单击"渐变"按钮，设置渐变颜色为"#fdbda3"～"#e6fffc"～"#f0f7f0"，渐变样式为"线性"，渐变角度为"90"，然后在焦点图下方绘制"750 像素 ×350 像素"的矩形，如图 5-5 所示。

步骤 05 选择"椭圆工具"，在工具属性栏中设置填充颜色为"#e6fffc"，在右上角绘制"196 像素 ×196 像素"的正圆，调整圆的位置，如图 5-6 所示。

图5-7 添加素材

步骤 07 选择"横排文字工具"，在工具属性栏中设置字体为"方正琥珀简体"，颜色为"#487aa5"，字体大小为"300点"，然后在圆的中间输入"mix"文本，如图 5-8 所示。

图5-8　输入文字

步骤 08 双击"mix"图层右侧的空白区域，打开"图层样式"对话框，单击选中"渐变叠加"复选框，设置渐变颜色为"#e8f8f2"　～"#528ab9"，单击 确定 按钮，如图 5-9 所示。

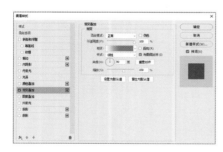

图5-9　设置渐变叠加

步骤 09 选择"横排文字工具" T，在工具属性栏中设置字体为"方正琥珀简体"，颜色为"黑色"，然后在文字的下方输入"hun""混合猫砂"文本，并调整字体的大小和位置，如图 5-10 所示。

图5-10　输入其他文字

步骤 10 选择"自定形状工具" ，在工具属性栏中设置填充颜色为

"#c8d700"，在形状下拉列表中选择"shape 13"选项，然后在"hun"文字下方绘制形状，并调整图层到"混合猫砂"图层下方，如图 5-11 所示。

图5-11　绘制自定义形状

步骤 11 选择"直线工具" ，在工具属性栏中设置填充颜色为"黑色"，在"hun"文字上方绘制"12 像素 ×4 像素"的直线，按【Ctrl+T】组合键打开变换框，旋转直线使其形成文字声调，如图 5-12 所示。

图5-12　绘制直线

步骤 12 打开首页中制作的"店招与导航条 .psd"素材文件（配套资源 :\ 素材 \ 第5 章 \ 店招与导航条 .psd），将 Logo 和网店标语拖动到焦点图中，并调整 Logo 和文字的位置，如图 5-13 所示。

图5-13　添加素材

步骤 13 选择 Logo 下方的圆角矩形，将

填充颜色修改为"#528ab9"，使其色调与整个焦点图统一，然后调整 Logo 的大小。

步骤 14 按【Ctrl+S】组合键保存文件（配套资源:\效果\第5章\猫砂焦点图.jpg、猫砂焦点图.psd），最终效果如图 5-14 所示。

图5-14　最终效果

经验之谈：

焦点图一般有两个作用：明确商品主体，突出商品优势；承上启下，提升消费者向下浏览的兴趣。在设计焦点图时，网店美工要突出自己商品的优势，就必须在文案与图片的设计上讲究创意，通过突出商品的特色以及放大商品的优势，或通过对比优劣商品，展现商品的优势。

5.2.2　卖点说明图设计

"友猫"宠物用品店需要在焦点图的下方设计卖点说明图，为了增强消费者对该猫砂的信任感。网店美工在设计时可以从消费者的需求角度出发，如抑菌、除臭、天然、超强吸水等方面来设计说明图，在颜色选择上可继续沿用焦点图的色调，使整个设计更加统一，具体操作如下。

微课：卖点说明图设计

步骤 01 新建大小为"750 像素 ×8100 像素"、分辨率为"72 像素 / 英寸"、名称为"卖点说明图"的文件。

步骤 02 针对消费者需求的程度，这里将先制作抑菌模块。选择"矩形工具" ▢，在工具属性栏中打开"填充"下拉列表框，单击"渐变"按钮▣，设置渐变颜色为"#004c98"～"白色"，渐变样式为"线性"，渐变角度为"90"，然后在顶部绘制"750 像素 ×1320 像素"的矩形，效果如图 5-15 所示。

步骤 03 打开"离子 .png"素材文件（配套资源:\素材\第 5 章\离子 .png），将素材拖动到绘制的矩形上方，调整其大小与位置，如图 5-16 所示。

 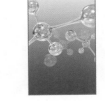

图5-15　绘制矩形　　图5-16　添加离子素材

步骤 04 选择"横排文字工具" T，在工具属性栏中设置字体为"方正粗圆简体"，颜色为"#000204"，字体大小为"72点"，输入"抑菌黑科技"文字，然后在其下方输入图5-17所示的文字，并修改颜色为"白色"，接着调整其大小和位置。

步骤 05 选择"圆角矩形工具" ，在工具属性栏中设置填充颜色为"#004c98"，半径为"20像素"，在"Ag+银离子"文字下方绘制"300像素 × 80像素"的圆角矩形。使用相同的方法，在"1"文字下方绘制填充颜色为"#c8d700"、半径为"20像素"、大小为"70像素 ×40像素"的圆角矩形，并调整位置，如图5-18所示。

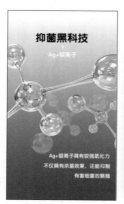 

图5-17 输入文字　　图5-18 绘制圆角矩形

步骤 06 在抑菌模块的下方继续制作除臭模块。选择"矩形工具" ，在工具属性栏中设置填充颜色为"#f0f1f1"，在抑菌模块的下方绘制"750像素 ×1100像素"的矩形，打开"猫砂杯.png"素材文件（配套资源:\素材\第5章\猫砂杯.png），将素材拖动到绘制的矩形上方，调整其大小与位置，如图5-19所示。

步骤 07 选择"横排文字工具" T，在工具属性栏中设置字体为"方正粗圆简体"，颜色为"#034e99"，输入除臭模块文字，然后选择"豆腐猫砂""原木猫砂"文字，修改颜色为"#7e8082"，调整其大小和位置，如图5-20所示。

图5-19 添加猫砂杯　　图5-20 输入除臭
　　　素材　　　　　　　　模块文字

步骤 08 选择"直线工具" ，在工具属性栏中设置填充颜色为"#05509a"，在"85%""15%"文字下方绘制两条"235像素 ×2像素"的直线，然后在直线的左侧绘制斜线用于指示对应的猫砂，如图5-21所示。

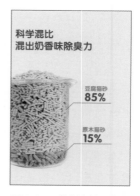

图5-21 绘制直线和斜线

步骤 09 在除臭模块的下方继续制作天然豌豆纤维模块，以此体现猫砂的纯天然。选择"矩形工具" ，在工具属性栏中打开"填充"下拉列表框，单击"渐变"按钮 ，设置渐变颜色为"白色"～"#e1e8a2"～"白色"，渐变样式为"线性"，并绘制"750 像素 ×1300 像素"的矩形，效果如图 5-22 所示。

图5-22　绘制渐变矩形

步骤 10　打开"豌豆猫砂素材 .png"素材文件（配套资源 :\ 素材 \ 第 5 章 \ 豌豆猫砂素材 .png），将素材拖动到绘制的矩形上方，调整其大小与位置。

步骤 11　选择"横排文字工具" ，在工具属性栏中设置字体为"方正粗圆简体"，颜色为"黑色"，输入图 5-23 所示的文字，并调整其大小和位置。

步骤 12　继续制作颗粒展现模块，方便了解猫砂大小。打开"单粒猫砂素材 .png、铲动猫砂素材 .png"素材文件（配套资源 :\ 素材 \ 第 5 章 \ 单粒猫砂素材 .png、铲动猫砂素材 .png），将素材拖动到天然豌豆纤维模块的下方，调整其大小与位置。

步骤 13　选择"横排文字工具" ，在工具属性栏中设置字体为"方正兰亭大黑简体"，颜色为"#eaeaea"，设置字体大小为"250 点"，然后输入"2MM"文

本，并将该图层调整至单粒猫砂素材所在的图层下方，如图 5-24 所示。

图5-23　输入豌豆猫砂　　图5-24　添加素材和
　　相关文字　　　　　　　　　文字

步骤 14　选择"横排文字工具" ，在工具属性栏中设置字体为"方正粗圆简体"，颜色为"#05509a"，并输入其他文字，调整其大小和位置。

步骤 15　选择"直线工具" ，在工具属性栏中设置填充颜色为"#05509a"，在"大颗粒，不易带出、不漏砂"文字下方绘制"350 像素 ×2 像素"的直线，然后在其右侧绘制斜线用于指示猫砂，效果如图 5-25 所示。

步骤 16　继续制作其他模块。打开"猫砂浸泡水素材 .png"素材文件（配套资源 :\ 素材 \ 第 5 章 \ 猫砂浸泡水素材 .png），将素材拖动到颗粒展现模块下方，调整其大小与位置。

步骤 17　选择"横排文字工具" ，在工具属性栏中设置字体为"方正粗圆简体"，颜色为"#05509a"，并输入图 5-26 所示的文字，调整大小和位置。

图5-25 绘制直线

图5-26 创作其他模块

步骤 18 使用相同的方法，在下方添加"研究图片.png、机构图片.png"素材文件（配套资源:\素材\第5章\研究图片.png、机构图片.png）如图5-27所示，然后输入图5-28所示文字，并调整文字的大小、颜色和位置。

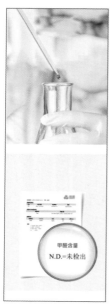

图5-27 添加研究图片素材

图5-28 输入文字

步骤 19 按【Ctrl+S】组合键保存文件（配套资源:\效果\第5章\卖点说明图.jpg、卖点说明图.psd），最终效果如图5-29所示。

图5-29 最终效果

图5-29　最终效果（续）

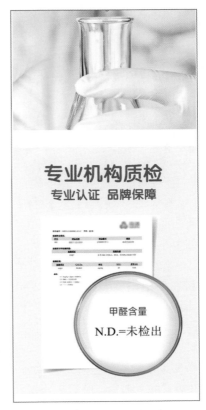

图5-29　最终效果（续）

经验之谈：

　　商品卖点是吸引消费者购买商品或者服务的主要因素。卖点一般具有以下3个特征：①卖点独特，特别是相同类型的商品，如果能提炼出与其他商家不同的独特卖点，就很可能影响消费者的购买行为，如农夫山泉的"有点甜"；②有足够的说服力，能打动消费者，卖点与消费者的核心利益息息相关，如空调的"变频"与"回流"，面膜的美白、补水等功效；③长期传播的价值及品牌辨识度。

5.2.3　信息展示图设计

　　由于网络的虚拟性，消费者并不能通过图片来准确把握商品的尺寸，因此网店美工需要在商品详情页中充分展示商品的尺寸、颜色或细节等内容。猫砂的信息展示图主要用于展示消费者关注的猫砂问题，如品牌、净含量、主要成分、保质期、适用对象等，可增强消费者对该猫砂的信任感，也能使网店在消费者心中留下深刻的印象。除此之外，网店美工还可添加猫砂使用指南，让消费者了解该猫砂的使用方式，继续加深他们对网店的印象及增强他们对网店的好感度，具体操作如下。

微课：信息展示图设计

步骤 01 新建大小为"750 像素 ×3020 像素"、分辨率为"72 像素 / 英寸"、名称为"信息展示图"的文件。

步骤 02 打开"猫砂 .png"素材文件（配套资源:\ 素材 \ 第 5 章 \ 猫砂 .png），将素材拖动到"信息展示图"图像顶部，并调整其大小与位置。

步骤 03 选择"直线工具"，在工具属性栏中设置填充颜色为"#05509a"，粗细为"2 像素"，然后沿着包装的底部和右侧绘制直线，并调整直线的长度和宽度，效果如图 5-30 所示。

步骤 04 选择"横排文字工具"，在工具属性栏中设置字体为"方正粗圆简体"，输入"产品参数"文字，调整其大小和位置，然后修改"产品参数"的颜色为"黑色"，修改"2"的颜色为"白色"，最后修改其他文字颜色为"#05509a"。

步骤 05 选择"圆角矩形工具"，在工具属性栏中设置填充颜色为"#c8d700"，半径为"20 像素"，在"2"文字下方绘制"70 像素 ×40 像素"的圆角矩形，效果如图 5-31 所示。

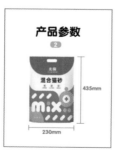

图5-30 绘制直线　　图5-31 绘制圆角矩形

步骤 06 选择"矩形工具"，在工具属性栏中设置填充颜色为"#05509a"，在产品参数下方绘制"750 像素 ×90 像素"的矩形,然后按住【Alt】键不放向下拖动，

复制矩形，修改填充颜色为"白色"，再次复制矩形，修改填充颜色为"#f4f4f4"，依次类推，使用相同的方法继续复制矩形，效果如图 5-32 所示。

步骤 07 选择"横排文字工具"，在工具属性栏中设置字体为"方正黑体_GBK"，在矩形中输入图 5-33 所示的文本，并设置第一排文字颜色为"白色"，设置其他文字颜色为"#9f9696"。

图5-32 绘制矩形1　图5-33 输入文字

步骤 08 选择"直线工具"，在工具属性栏中设置填充颜色为"#05509a"，在文字下方绘制"750 像素 ×2 像素"的直线。

步骤 09 选择"矩形工具"，在工具属性栏中设置填充颜色为"#717070"，在"产品参数"下方绘制"750 像素 ×950 像素"的矩形，效果如图 5-34 所示。

步骤 10 打开"猫咪 .jpg"素材文件（配套资源:\ 素材 \ 第 5 章 \ 猫咪 .jpg），将素材拖动到矩形上方，调整其大小与位置，按【Ctrl+Alt+G】组合键创建剪贴蒙版，然后设置不透明度为"30%"，如图 5-35 所示。

步骤 11 打开"猫砂使用指南素材 .png"素材文件（配套资源:\ 素材 \ 第 5 章 \ 猫砂使用指南素材 .png），将素材拖动到猫咪图层的上方，并调整其大小与位置。

步骤 12 选择"横排文字工具"，在工具属性栏中设置字体为"方正粗圆简体"，输入图5-36所示的文字，调整文字的大小和位置，修改"猫砂使用指南"的颜色为"#05509a"，修改其他文字颜色为"白色"。

图5-34 绘制矩形2　图5-35 设置不透明度

图5-36 添加素材并输入文字

步骤 13 按【Ctrl+S】组合键保存文件，最终效果如图5-37所示（配套资源:\效果\第5章\信息展示图.jpg、信息展示图.psd）。

经验之谈：

当商品参数比较少时，可通过左表右图或左图右表的方式排列商品参数模块。对于有尺寸规格的商品，还可在商品图上添加尺寸标注。

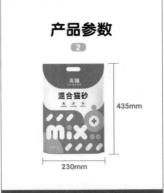

图5-37 最终效果

↘ 5.2.4　快递与售后图设计

快递与售后图主要是展现快递和售后的信息。"友猫"宠物用品店为了提高消费者的满意度，准备在最下方设计快递与售后图，在该图中可添加客服热线和售后问题，让消费者了解本网店的诚意，增强消费者对网店的归属感，具体操作如下。

步骤 01 新建大小为"750像素×950像素"、分辨率为"72像素/英寸"、名为"快递与售后图"的文件。

步骤 02 打开"售后背景纹理.jpg"素材文件（配套资源:\素材\第5章\售后背景纹理.jpg），将素材拖动到图像中使其铺满整个页面。

步骤 03 打开"快递与售后素材.psd"素材文件（配套资源:\效果\第5章\快递与售后素材.psd），将其中的素材拖动到快递与售后图中，并调整素材的位置和大小，效果如图5-38所示。

图5-38　添加素材

步骤 04 选择"圆角矩形工具" ▢，在工具属性栏中设置半径为"8像素"，在数字的右侧分别绘制4个"120像素×120像素"的圆角矩形，分别设置填充颜色为"#0c62ad""#5cccf7""#0c62ad""#81878d"，如图5-39所示。

步骤 05 打开"24小时发货图标.png"图像文件（配套资源:\效果\第5章\24小时发货图标.png），将素材拖动到浅蓝色矩形上方，并调整其大小和位置。

图5-39　绘制圆角矩形并填充颜色

步骤 06 打开"客服.jpg"素材文件（配套资源:\素材\第5章\客服.jpg），将其拖动到最上方的矩形中，并对其创建剪贴蒙版，如图5-40所示。

图5-40　添加客服素材

步骤 07 选择"横排文字工具" T.，设置字体为"FagoExTf ExtraBold"，字体大小为"55点"，颜色为"#0c62ad"，输入"90664526"文字。

步骤 08 在最上方输入"快递与售后""3"文字，调整文字的大小、位置和颜色。在"3"文字下方绘制圆角矩形，并设置圆角矩形的填充颜色为"#c8d700"。设置字体为"思源黑体CN"，字体大小为"20

点",颜色为"#575e60",并输入图5-41所示的文字。

图5-41　输入说明文本

步骤 09 选择"矩形工具" ▭ ,在工具属性栏中设置填充颜色为"#05509a",在文字下方绘制"750 像素 ×70 像素"的矩形。在矩形上方输入"售后无忧　享3重保障"文字,并调整文字的大小、位置和颜色,效果如图 5-42 所示。

图5-42　输入说明文本

步骤 10 打开"快递与售后图标 .png"素材文件(配套资源 :\ 素材 \ 第 5 章 \ 快递与售后图标 .png),将图标素材拖动到矩形的下方,调整其位置和大小。

步骤 11 选择"横排文字工具" T ,设置字体为"思源黑体 CN",输入说明性文字,设置第一排文字颜色为"黑色",其他文字颜色为"#999999",调整文字的大小和位置。

步骤 12 保存图像,查看完成后的最终效果,如图 5-43 所示(配套资源 :\ 效果 \ 第 5 章 \ 快递与售后图 .psd)。

图5-43　最终效果

5.3　实战演练——制作四件套详情页

　　某网店准备上新一套古典印花四件套,需要制作详情页,且希望通过详情页提高销量。该详情页主要从焦点图、细节展示、情景展示等方面入手,其目的在于展示商品精良的品质,吸引消费者的注意力并刺激消费者产生购买行为。在制作时,为了使整体效果与四件套相搭配,在主色上可选择与商品颜色一样的紫色作为主色,在设计上可从四件套的面料、产品细节以及情景展示等方面来凸显商品品质。四件套详情页的效果如图5-44所示。

微课:制作四件套详情页

图5-44　四件套详情页的效果

1．设计思路

制作四件套详情页的设计思路如下。

（1）详情页设计规划。整个详情页可分为焦点图和商品展示图两个部分，焦点图用于展示整体效果；商品展示图用于细节展示、情景展示，并对细节进行说明。

（2）设计焦点图。在设计焦点图时，可以四件套实拍图为背景，并采用淡紫色的背景进行装饰，这样不仅可以凸显白色文案，也与四件套的整体色调相搭配。

（3）设计商品展示图。从四件套的面料、商品细节以及情景展示方面来设计四件套的展示图，向消费者展示该商品全棉磨毛、活性印染、设计美观等优点，以吸引消费者的注意力并刺激消费者产生购买行为。

2．知识要点

完成本例四件套详情页的制作，需要掌握以下知识。

（1）选择"矩形工具" ▭ ，绘制矩形形状，并将图片素材剪贴至矩形框内。

（2）选择"钢笔工具" ✒ ，绘制不规则形状。

（3）选择"横排文字工具" T ，设置字体格式，输入文本。

设计素养：

印花工艺是用染料或颜料在纺织物上施印花纹的工艺过程，当商品通过印花工艺进行生产后，商品上会产生印花图案，用于装饰商品、美化商品外观。网店美工处理有印花的商品图片素材时，要注意不能过度，以免影响印花的质感。在设计时注意不要过于复杂，可选择商品中的印花元素进行设计，从而使设计风格保持统一。

3. 操作步骤

以下为四件套详情页的制作方法，具体操作如下。

步骤 01 新建大小为"750 像素 ×3760 像素"、分辨率为"72 像素 / 英寸"、名称为"四件套详情页"的文件。

步骤 02 制作焦点图。打开"四件套焦点图背景 .jpg"素材文件（配套资源 :\ 素材 \ 第 5 章 \ 四件套焦点图背景 .jpg），将其拖动到当前文件中，调整素材的大小与位置，如图 5-45 所示。

图5-45 添加背景

步骤 03 选择"矩形工具" 回，取消描边，设置填充颜色为"#8d7c98"，在图片左侧绘制"260 像素 ×580 像素"的矩形，如图 5-46 所示。

图5-46 绘制矩形1

步骤 04 选择"横排文字工具" T，设置字体为"Arial"，字体大小为"28 点"，颜色为"#ffffff"，输入"CLASSICAL"文本；设置字体为"黑体"，字体大小为"35点"，输入"古典印花"文本；修改字体大小为"15 点"，输入图 5-47 所示的文本。

图5-47 输入文本1

步骤 05 选择"直线工具" ∕，设置填充颜色为"白色"，取消描边，按住【Shift】键在英文文本下方绘制水平直线。

步骤 06 选择"横排文字工具" T，设置字体为"汉仪大黑简"，字体大小为"35点"，颜色为"#ffffff"，输入"床上用品四件套"文本，如图 5-48 所示。

图5-48 输入文本2

步骤 07 选择"矩形工具" 回，设置描边颜色为"白色"，设置描边宽度为"6 点"，填充颜色为"#8d7c98"，在文案下方绘制"240 像素 ×220 像素"的矩形，如图5-49 所示。

图5-49　绘制矩形2

步骤 08 打开"四件套焦点图.jpg"图片（配套资源:\素材\第5章\四件套焦点图.jpg），将其移动至图像中，并在图层上单击鼠标右键，在弹出的快捷菜单中选择"创建剪贴蒙版"命令，将其置入下方的矩形，调整图片的位置和大小，如图5-50所示。

图5-50　添加素材1

步骤 09 接着制作商品展示图。选择"矩形工具" ，在工具属性栏中取消描边，设置填充颜色为"#8d7c98"，在图片上方绘制"750像素×150像素"的矩形，如图5-51所示。

图5-51　绘制矩形3

步骤 10 选择"横排文字工具" ，设置字体为"黑体"，字体大小为"35点"，设置文本颜色为"白色"，输入"全棉磨毛纵情舒适"文本；设置字体为"Arial"，字体大小"20点"，输入"THE COTTON COMFORT"文本；选择"直排文字工具" ，设置字体为"黑体"，字体大小为"32点"，设置文本颜色为"白色"，输入"〉"文本；选择"直线工具" ，设置填充颜色为"白色"，取消描边，按住【Shift】键在英文文本上方绘制一条"460像素×2像素"的直线，如图5-52所示。

图5-52　输入文本并绘制直线1

步骤 11 选择"矩形工具" ，设置填充颜色为"#fff2e2"，在文案下方绘制"750像素×420像素"的矩形，将"四件套展示图1.jpg"素材文件（配套资源:\素材\第5章\四件套展示图1.jpg）添加到矩形上方，运用"创建剪贴蒙版"命令，将其置入下方的矩形，并调整素材的大小与位置，如图5-53所示。

图5-53　添加素材2

步骤 12 选择"矩形工具" ，取消描边，设置填充颜色为"#8d7c98"，在图片下方绘制"620 像素 ×300 像素"的矩形，如图 5-54 所示。

图5-54　绘制矩形4

步骤 13 选择"钢笔工具" ，在矩形左上角绘制不规则形状，并运用"创建剪贴蒙版"命令，将其置入下方的矩形，如图 5-55 所示。

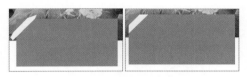

图5-55　绘制不规则形状

步骤 14 选择"直线工具" ，设置填充颜色为"白色"，取消描边，在不规则矩形的上下两侧绘制两条斜线，并使用同样的方法将其置入到下方矩形中，如图 5-56 所示。

图5-56　绘制直线

步骤 15 选择"横排文字工具" ，设置字体为"黑体"，字体大小为"20 点"，颜色为"#9779b9"，在白色形状内输入"亲肤柔软面料"文本，按【Ctrl+T】组合键打开变换框，在工具属性栏中设置旋转角度为"-45 度"，如图 5-57 所示。

图5-57　输入文本3

步骤 16 选择"横排文字工具" ，设置字体为"黑体"，字体大小为"50 点"，设置文本颜色为"白色"，输入"亲肤面料"文本；设置字体大小为"18 点"，输入其他文本；选择"直线工具" ，设置描边颜色为"白色"，描边宽度为"4 点"，取消填充，在"亲肤面料"文本下方绘制"60 像素 ×2 像素"的水平直线，如图 5-58 所示。

图5-58　输入文本并绘制直线2

步骤 17 选择"矩形工具" ，设置填充颜色为"#ffffff"，在紫色矩形右侧再绘制"275 像素 ×265 像素"的矩形，将"四件套展示图 2.jpg"素材文件（配套资源 \ 素材 \ 第 5 章 \ 四件套展示图 2.jpg）添加到白色矩形上方，运用"创建剪贴蒙版"命令将其置入下方白色矩形，并调整素材的大小与位置，如图 5-59 所示。

图5-59　添加素材3

步骤 18 选择"矩形工具" ▭，设置填充颜色为"#8d7c98"，在图片下方绘制 3 个"384 像素 ×278 像素"的矩形，并调整矩形的位置；将"四件套细节图 .psd"素材文件（配套资源：\ 素材 \ 第 5 章 \ 四件套细节图 .psd）中的素材添加到矩形上方，运用"创建剪贴蒙版"命令将其置入下方矩形，调整图片的大小与位置，如图 5-60 所示。

图5-60 绘制矩形并添加素材

步骤 19 选择"矩形工具" ▭，设置描边颜色为"#9779b9"，描边宽度为"1 点"，无填充，按住【Shift】键绘制"62 像素 ×62 像素"的矩形；复制矩形，并设置复制矩形的填充颜色为"#9779b9"，取消描边，调整矩形位置，如图 5-61 所示。

图5-61 绘制与复制矩形

步骤 20 选择"横排文字工具" T，设置字体为"黑体"，字体大小为"38 点"，颜色为"白色"，在矩形内输入"01"文本；设置颜色为"#9779b9"，输入"全棉面料

+ 活性印染"文本；设置字体大小为"20 点"，颜色为"#666666"，输入图 5-62 所示的文本。

图5-62 输入文本4

步骤 21 选择步骤 19~20 中创建的所有图层，按【Ctrl+G】组合键将其创建为组，选择该图层组，按【Alt】键移动并复制组，得到其他 2 个组，并修改其中的文本，如图 5-63 所示。

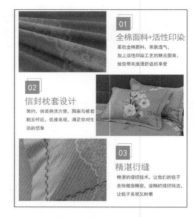

图5-63 复制组并修改文本1

步骤 22 选择步骤 09~10 中创建的所有图层，按【Ctrl+G】组合键将其创建为组，选择该图层组，按【Alt】键移动并复制组，并将其中的文本修改为"情景展示温暖时光"相关的文本，如图 5-64 所示。

图5-64 复制组并修改文本2

步骤 23 选择"矩形工具" ，设置填充颜色为"#8d7c98"，在图片下方绘制 2 个"750 像素 ×610 像素"的矩形，调整矩形的位置；将"四件套场景展示图 .psd"素材文件（配套资源:\ 素材 \ 第 5 章 \ 四件套场景展示图 .psd）中的素材添加到矩形上方，运用"创建剪贴蒙版"命令，将其置入下方矩形，调整图片的大小与位置，完成本例的制作（配套资源:\ 效果 \ 第 5 章 \ 四件套详情页 .psd、四件套详情页 .jpg）。

课后练习

使用提供的素材（配套资源:\素材\第5章\棉袜素材\）制作棉袜详情页，在制作时可将整个棉袜详情页分为焦点图、精选优质棉、面料生产工艺、商品场景展示4个部分，完成后的效果如图5-65所示（配套资源:\效果\第5章\棉袜详情页.psd）。

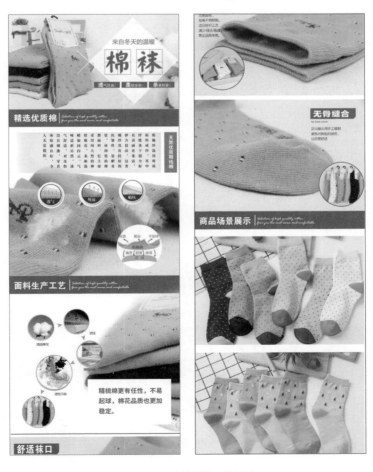

图 5-65　棉袜详情页的效果

第 **6** 章

网店装修

在完成网店首页与详情页的设计后，要想将其展示在网店中，就需要涉及网店的装修。使用Photoshop制作出的图片往往不能直接用于网店装修，网店美工需要先进行切片处理，然后上传到素材中心并进行管理，这样在装修网店时才能便捷地使用图片。

◎ 技能目标

● 掌握素材中心的相关知识。

● 掌握装修网店首页的方法。

● 掌握上传商品详情页的方法。

◎ 素养目标

● 提升读者对网店页面的规划能力。

● 培养读者解决装修问题的能力。

案例展示

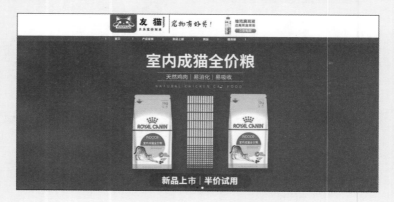

6.1 素材中心

　　网店装修中所需要的所有图片都需要预先上传到素材中心。素材中心具有安全稳定、管理方便和浏览快速等优点，并且，网店美工在装修网店时能直接从中取用图片，大大提升了装修的便利性，但在上传素材中心前需要先进行切片操作。

↘ 6.1.1 切片并上传图片

　　使用Photoshop的切片工具可以将一张图片分割成若干张不同的小图，并能将这些小图单独存储下来，方便上传与添加到素材中心。"友猫"宠物用品店决定装修网店首页，在装修前需要先对首页进行切片操作，并上传到素材中心，以便后期进行装修，具体操作如下。

微课：切片并上传图片

步骤 01 打开"'友猫'宠物用品店首页.jpg"素材文件（配套资源:\ 素材 \ 第6章 \ "友猫"宠物用品店首页.jpg）。

步骤 02 选择【视图】/【标尺】命令，或按【Ctrl+R】组合键显示标尺，在顶端的标尺上按住鼠标左键不放，向下拖动至需要添加参考线的区域，然后使用相同的方法在其他区域添加参考线，如图6-1所示。

步骤 03 在工具箱中的"裁剪工具" ⊄ 上按住鼠标左键不放，在打开的工具组中选择"切片工具" ⊅ ，在工具属性栏中单击 基于参考线的切片 按钮。

步骤 04 图像将基于参考线分成多个板块，如图6-2所示。

图6-1　添加参考线

图6-2　完成切片

经验之谈：

对图像进行切片后，其切片成功的图片将以蓝色的框进行显示，每个框左上角都标注了切片的数字号。若切片左上角显示为灰色，表示该切片不能储存起来，需要重新切割。

步骤 05 按【Alt+Ctrl+Shift+S】组合键打开"存储为 Web 所用格式"对话框，在右侧选择优化的文件格式为"JPEG"，设置文件的品质、图像大小等，如图 6-3 所示。

图6-4 储存切片

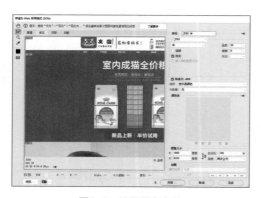

图6-3 设置保存参数

步骤 06 单击 存储… 按钮，在打开的对话框中选择保存格式为"HTML 和图像"，然后设置保存位置与保存名称，如图 6-4 所示。

步骤 07 单击 保存(S) 按钮储存切片，在保存路径下查看保存效果，可以看到一个 HTML 网页文件，以及一个名为 images 的文件夹，如图 6-5 所示（配套资源 :\ 效果 \ 第 6 章 \images、"友猫"宠物用品店首页 .html），其中 images 文件夹中包含了所有创建的切片。

图6-5 查看保存效果

步骤 08 登录淘宝网，单击"千牛卖家中心"超链接，进入千牛页面，在左侧列表中单击"商品"选项卡，然后在右侧的列表中单击"图片空间"超链接，如图 6-6 所示。

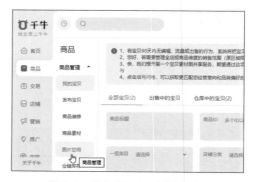

图6-6 单击"图片空间"超链接

步骤 09 打开"素材中心"页面，在页

面上方单击 上传 按钮，打开"上传图片"对话框，单击"上传"超链接，如图6-7所示。

图6-7　单击"上传"超链接

图6-8　选择图片

步骤 10 打开"打开"对话框，选择需要上传的商品图片（配套资源:\效果\第6章\images\），按【Ctrl+A】组合键全选图片，并单击 打开(O) 按钮，如图6-8所示。

步骤 11 打开图片上传提示对话框，并显示图片上传进度，上传完成后，单击 确定 按钮关闭提示窗口，然后在图片空间可查看上传的图片，如图6-9所示。

图6-9　查看上传效果

设计素养：

在网页中，图片越大，加载越慢，越能影响消费者对网店的好感度，而网店美工在设计整个网店页面时，往往会将整个页面设计为完整的网店页面，方便消费者查看店铺的整体效果。这样往往会出现尺寸过大，无法直接上传到素材中心，或加载速度慢，影响预览等情况。此时，网店美工可对整个页面进行切片，将图片切割成符合要求的大小，以便传输和展现。

6.1.2　管理素材中心的商品图片

为了更好地浏览和查找图片，网店美工准备管理上传的"友猫"宠物用品店首页图片，如进行重命名图片、调整商品图片的顺序、替换商品图片、删除商品图片等操作，具体操作如下。

微课：管理素材中心的商品图片

步骤 01 在素材中心中双击"店招与导航条"对应的商品图片，打开图片详情，此时单击图片下方的 编辑 按钮，如图6-10所示。

图6-10　编辑图片

步骤 02 打开"编辑图片"对话框，在"图片名称"文本框中输入新的图片名，这里输入"店招与导航"，单击 保存 按钮，如图6-11所示。

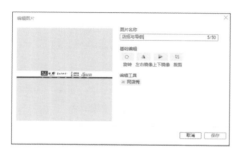

图6-11　重命名图片

步骤 03 使用相同的方法重命名其他商品图片。完成重命名后，会发现存在多余的商品图片，需要删除该商品图片，这里选择需要删除的商品图片，然后单击"删除"按钮 即可删除该商品图片，如图6-12所示。

图6-12　删除多余的商品图片

步骤 04 在右侧单击 新建文件夹 按钮新建文

件夹，打开"新建文件夹"对话框，在"分组名称"文本框中输入"'友猫'宠物用品店首页"文本，单击 确定 按钮，如图6-13所示。

图6-13　新建文件夹

步骤 05 勾选需要移动的商品图片，单击 移动到 超链接，如图6-14所示。

图6-14　选择图片

步骤 06 打开"文件夹移动到"对话框，选择存储图片的路径，并单击 确定 按钮即可完成移动图片的操作，如图6-15所示。

图6-15　移动图片

步骤 07 返回素材中心，可发现选择的图片已经移动到新建的文件夹中，如图6-16所示。

图6-16　完成移动图片操作

6.2　装修网店首页

当对首页图片进行切片并上传到素材中心后，即可开始装修网店首页，网店美工在操作前需先认识装修模块。

6.2.1　认识装修模块

模块是网店页面的基础组成部分，商品、页面的装修等都依托模块而存在，因此，每位网店美工都应该对模块有充分的认识。常用的模块包括店铺招牌、宝贝推荐、宝贝排行、默认分类、个性分类、自定义区、图片轮播等。大家可以在千牛页面左侧选择"店铺"选项卡，在右侧面板的"店铺装修"栏中单击"PC店铺装修"超链接，打开旺铺管理页面，单击"首页"栏右侧的"装修页面"超链接。进入首页装修界面，界面左侧将显示常用模块，如图6-17所示。

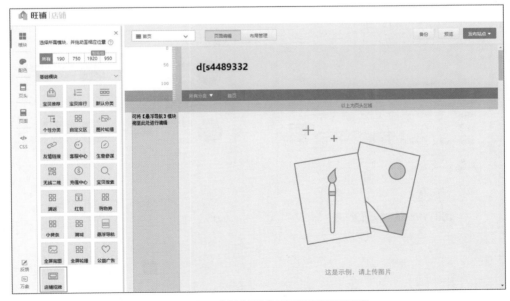

图6-17　进入"店铺装修"页面并查看装修模块

↘ 6.2.2 装修店铺首页

淘宝网店中的各种装修模块都有固定的尺寸，而很多网店为了增加设计感和美观度做了个性化设计，导致页面尺寸与模块尺寸不统一，这时可以使用"自定义区"模块进行装修。"友猫"宠物用品店的首页是全屏的，网店美工可以使用"自定义区"模块布局各板块，并通过"码工助手"转换源代码，具体操作如下。

微课：装修店铺首页

步骤 01 登录淘宝网账号，进入千牛页面，选择"店铺"选项卡，在右侧面板的"店铺装修"栏中单击"PC店铺装修"超链接，如图6-18所示，打开旺铺管理页面。单击"首页"栏右侧的"装修页面"超链接，进入装修页面。

图6-18 选择装修页面

步骤 02 进入淘宝店铺装修页面，在店招右侧单击 ✏编辑 按钮，如图6-19所示，打开"店铺招牌"对话框。

图6-19 单击 ✏编辑 按钮

步骤 03 为了全屏显示店招，网店美工需要将店招效果转换为代码。在百度中搜索并打开"码工助手"，在"码工助手"的"工具"栏中单击"电商通用热区工具"超链接，如图6-20所示，打开"码工助手"的画布设置页面。

图6-20 单击"电商
通用热点工具"超链接

步骤 04 打开淘宝素材中心，将鼠标指针移到"店招与导航"图片上，单击"复制链接"按钮🔗，复制该图片的链接，如图6-21所示。

图6-21　复制链接

步骤 05 切换到"码工助手"的画布设置页面，在"图片链接"文本框中按【Ctrl+V】组合键粘贴刚才的图片地址，单击 确认 按钮。

步骤 06 打开 PC 热区编辑器页面，在页面左侧单击"添加热区"按钮 ，添加一个热区，调整热区位置至"维克滴耳液"对应板块，然后在右侧面板的"链接"栏中输入链接地址（若需要获取地址，需要先上传和发布商品，然后在"我的宝贝"面板获取地址），完成第一个热点的添加，如图 6-22 所示。

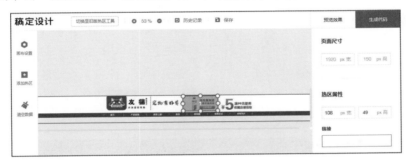

图6-22　添加热区

步骤 07 在页面左侧再次单击"添加热区"按钮 ，添加一个热区，并将其移动到优惠券的上方。在右侧面板的"链接"栏中输入链接地址，然后在"描述"栏中输入"优惠券"文本，完成第 2 个热点的添加，如图 6-23 所示。

经验之谈：

单击千牛页面的"营销"选项卡，在右侧面板中单击"营销工具"超链接，在右侧展开的面板中将显示店铺引流工具，这里直接单击"优惠券"超链接，在打开的页面中将显示已有的优惠券内容，这里在发布的优惠券列表中选择需要的优惠券，单击右侧"获取链接"超链接，打开"链接地址"对话框，单击 复制链接 按钮即可复制优惠券链接。

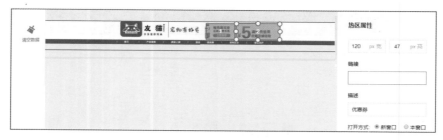

图6-23　添加热区

步骤 08 在页面左侧单击"添加热区"按钮![+]，再次添加一个热区，并将其移动到导航条中"首页"文字上方，然后在右侧面板的"链接"栏中输入链接地址。

步骤 09 返回"码工助手"的编辑页面，使用相同的方法再次在导航条中添加其他热区，如图 6-24 所示。

图6-24　添加其他热区

步骤 10 单击"在线布局"页面右上方的 生成代码 按钮，在打开的对话框中显示生成的代码，并单击 复制代码 按钮。

步骤 11 在打开的"店铺招牌"对话框中，单击选中"自定义招牌"单选项，然后

单击"源码"按钮![<>]，在下面的文本框中按【Ctrl+V】组合键粘贴刚才复制的代码，并在"高度"数值框中输入"150"，最后单击 保存 按钮，如图 6-25 所示。

图6-25　粘贴代码

步骤 12 在页面左侧选择"页头"选项，在打开的页面中单击 更换图片 按钮，打开"打开"对话框，在其中选择店招与导航的图片，单击 打开(O) 按钮。图片上传成功后，

在页头设置背景显示为"不平铺"，背景对齐为"居中"，完成店招与导航的装修，如图 6-26 所示。

图6-26 完成店招与导航的装修

步骤 13 在右侧的"模块"选项卡中选择"自定义区"模块,按住鼠标左键不放,将其拖动到导航条的下方,释放鼠标完成模块的添加。

步骤 14 在"自定义模块"上单击 ✏编辑 按钮,打开"自定义内容区"面板。

步骤 15 在素材中心将鼠标指针移到轮播海报上,单击"复制链接"按钮🖻,复制该图片的链接。

步骤 16 在"码工助手"的"工具"栏中单击"轮播工具"超链接,如图 6-27所示,进入"码工助手"的"轮播工具"页面。在"图片 1"文本框中按【Ctrl+V】组合键粘贴刚才的图片地址,如图 6-28所示。

步骤 17 打开"轮播工具"页面,在"跳转链接"文本框中输入链接地址,再使用相同的方法添加"轮播海报 2"素材和链接地址,完成后单击 生成代码 按钮,

然后在打开的对话框中单击 复制代码 按钮复制代码,如图 6-29 所示。

图6-27 单击"轮播工具"超链接

图6-28 粘贴链接

图6-29 生成代码

步骤 18 返回打开的"自定义内容区"面板，单击选中"不显示"单选项，单击"源码"按钮⟨⟩，在下面的文本框中按【Ctrl+V】组合键粘贴刚才复制的代码，再次单击"源码"按钮⟨⟩，单击 确定 按钮，如图6-30所示。

图6-30 自定义内容区

步骤 19 在右侧的"模块"选项卡中选择"自定义区"模块，按住鼠标左键不放，将其拖动到海报的下方，释放鼠标完成模块的添加，用于放置优惠券，接着在"自定义模块"上单击 ✎ 编辑 按钮。

步骤 20 在素材中心中选择"优惠券"图片，单击"复制链接"按钮🗐复制链接。

步骤 21 在"码工助手"的"工具"栏中单击"电商通用热区工具"超链接。

步骤 22 打开"码工助手"的画布设置页面，在"图片链接"文本框中按【Ctrl+V】组合键粘贴刚才复制的图片地址，单击 确认 按钮。

步骤 23 打开编辑器页面，在页面左侧单击"添加热区"按钮➕，添加一个热区，并将其移动到5元优惠券的上方。在右侧面板的"链接"栏中输入链接地址，在"描述"栏中输入"5元优惠券"文本，完成第1个热点的添加，如图6-31所示。

图6-31 添加热点

步骤 24 使用相同的方法为其他优惠券创建热区，如图6-32所示，完成后单击 生成代码 按钮，在打开的对话框中单击 复制代码 按钮复制代码。

图6-32 创建热点

步骤 25 返回"自定义内容区"面板，单击选中"不显示"单选项，单击"源码"按钮⟨⟩，在下面的文本框中按【Ctrl+V】组合键粘贴刚才复制的代码，再次单击"源码"按钮⟨⟩，然后单击 确定 按钮。

步骤 26 使用相同的方法制作商品陈列区模块，完成后单击 预览 按钮，预览设置后的效果，如图6-33所示。

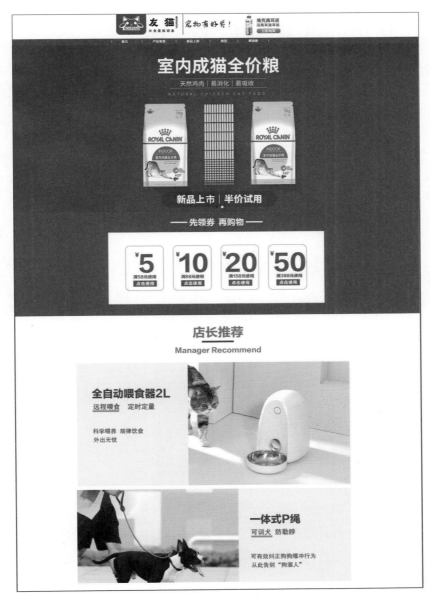

图6-33　查看完成后的效果

设计素养：

　　超文本标记语言的标记标签通常被称为HTML（Hyper Text Markup Language）标签，HTML标签是HTML语言中最基本的单位，也是HTML（标准通用标记语言下的一个应用）最重要的组成部分。在网店设计中，为了使显示效果更美观，网店美工大多会直接设计整个页面。而在装修时，网店美工可使用HTML标签以源代码的方式编辑其中的商品链接，以减少装修时的麻烦。

6.3 发布商品详情页

发布商品详情页是指将商品信息上传至网店中。网店美工在上传商品详情页时需要先输入商品的信息，如商品标题文案，以及商品的净重量、价格、库存量等内容，并上传商品详情页图片，具体操作如下。

微课：发布商品详情页

步骤 01 登录淘宝网账号，进入千牛页面，选择"商品"选项卡，在右侧单击"商品管理"栏下的"发布宝贝"超链接。

步骤 02 打开商品发布页面，在下面的列表框中依次选择"宠物 / 宠物食品及用品"—"猫 / 狗美容清洁用品"—"猫砂"选项，然后在右侧选择品牌名称，最后单击 [下一步，发布商品] 按钮，如图 6-34 所示。

图6-34 选择商品类目

步骤 03 打开商品发布页面，在"基础信息"栏中，设置宝贝类型、宝贝标题、导购标题、品牌、猫砂种类、货号等，如图 6-35 所示。

步骤 04 滑动鼠标滚轮，在"销售信息"栏中，单击选中"竹炭味""混合"复选框，在"净含量"数值框中输入"6"，设置单位为"千克"，然后在"宝贝销售规格"栏中设置产品数量，并设置一口价为"138.50"等，如图 6-36 所示。

图6-35　设置基础信息

图6-36　设置销售信息

步骤 05 在"售后服务"栏中，单击选中"提供发票""退换货承诺"复选框，

然后单击选中"立刻上架"单选项，如图 6-37 所示。

图6-37 设置销售服务信息

步骤 06 在"物流信息"栏中，单击选中"使用物流配送"复选框，在"运费模板"下拉列表中选择已经设置好的运

费模板，若没有模块可单击 新建运费模板 按钮新建模板，如图 6-38 所示。

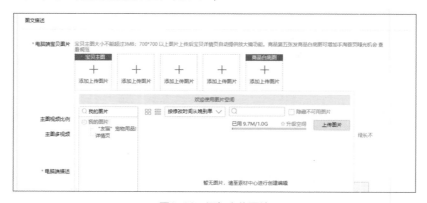

图6-38 设置物流信息

步骤 07 在"图文描述"栏中单击第一个"添加上传图片"按钮⊞，在打开的下拉列表中单击 上传图片 按钮，如图

6-39 所示，然后在打开的面板中单击 上传 按钮。

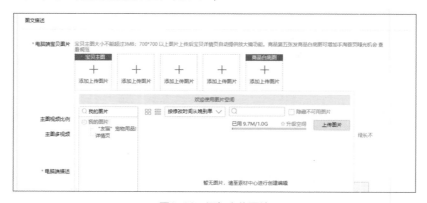

图6-39 添加上传图片

步骤 08 打开"打开"对话框，选择需要上传的主图图片，这里选择"主图1.jpg、

主图 2.jpg、主图 3.jpg、主图 4.jpg"素材文件（配套资源:\ 素材 \ 第 6 章 \ 详情

页\主图1.jpg、主图2.jpg、主图3.jpg、主图4.jpg）后，单击 打开(O) 按钮，此时

可发现选择上传的图片已经在"电脑端宝贝图片"栏中显示，如图6-40所示。

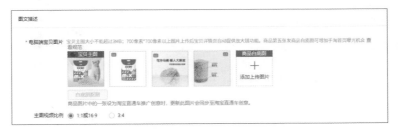

图6-40　上传图片

步骤 09 在"电脑端描述"栏中单击"图像"按钮，打开"图片空间"面板，单击 上传图片 按钮，在打开的面板中单击 上传 按钮。打开"打开"对话框，选择需要上传的商品详情页图片，这里选择"猫砂焦点图.jpg、卖点说明图.jpg、信息展示图.jpg、快递与售后图.jpg"素材文件（配套资源:\素材\第6章\详

情页\猫砂焦点图.jpg、卖点说明图.jpg、信息展示图.jpg、快递与售后图.jpg），单击 打开(O) 按钮，此时可发现选择的图片已经在"电脑端描述"栏中显示，如图6-41所示。

步骤 10 单击 提交宝贝信息 按钮，完成商品详情页的发布。

图6-41　选择详情页图片

6.4　实战演练——装修洗衣机店铺首页

随着冬季的到来，消费者对洗衣机的需求越来越大，现在需要重新装修S.M洗衣机旗舰店的首页，在装修店招与导航时，要求为列表创建链接，方便跳转页面；在装修海报时，要求有跳转链接，方便进入该商品的商品详情页，洗衣机旗舰店装修后的效果如图6-42所示。

图6-42　洗衣机旗舰店装修后的效果

1．设计思路

装修洗衣机旗舰店首页设计思路如下。

（1）分析装修方式。根据提供的素材，可发现旗舰店的店招与导航、海报属于完整的图片，若使用装修页面的模块直接装修将会操作困难，这时需要先转换为代码，然后再进行装修。

（2）上传图片。装修店铺需要将用到的图片上传到素材中心。

（3）装修店铺。装修店铺时需要先使用码工助手将图片转换为代码，且使每个选项对应的链接在代码中显示，然后在店铺装修页面使用自定义模块进行装修。

2．知识要点

完成本例洗衣机旗舰店首页的装修，需要掌握以下知识。

（1）素材中心的使用：图片的上传。

（2）代码的转换：使用码工助手对导航、海报图片添加热区，然后转换为代码。

（3）模块的编辑：进入店铺装修页面，拖动模块到页面中相应的位置，单击 🖉 编辑 按钮进行编辑。

微课：装修洗衣机店铺首页

3．操作步骤

装修洗衣机旗舰店首页的具体操作如下。

步骤 01 登录淘宝网，单击"千牛卖家中心"超链接，进入千牛页面，在左侧列表中单击"商品"选项卡，然后在右侧的列表中单击"图片空间"超链接。

步骤 02 打开"素材中心"页面，在页面上方单击 上传 按钮，打开"上传图片"对话框，单击"上传"超链接。

步骤 03 打开"打开"对话框，选择需

要上传的商品图片(配套资源:\效果\第6章\洗衣机首页\),按【Ctrl+A】组合键全选图片,单击 打开(O) 按钮。

步骤 04 打开图片上传提示对话框,并显示图片上传进度,上传完成后,单击 确定 按钮关闭提示窗口,在图片空间查看上传的图片。将鼠标指针移到"店招与导航"图片上,单击"复制链接"按钮 ,复制该图片的链接。

步骤 05 在百度中搜索并打开"码工助手",在"码工助手"的"工具"栏中单击"电商通用热区工具"超链接。打开"码工助手"的画布设置页面,在"图片链接"文本框中按【Ctrl+V】组合键粘贴刚才复制的图片地址,单击 确认 按钮。

步骤 06 在页面左侧单击"添加热区"按钮 ,添加一个热区,并将其移动到导航条中"所有宝贝"文字的上方,并在右侧面板的"链接"栏中输入链接地址。

步骤 07 使用相同的方法,再次在导航条中添加其他热区,如图6-43所示。

图6-43　添加其他热区

步骤 08 单击"在线布局"页面右上方的 生成代码 按钮,在打开的对话框中显示了生成的代码,单击 复制代码 按钮。

步骤 09 返回千牛页面,选择"店铺"选项卡,在右侧面板的"店铺装修"栏中单击"PC店铺装修"超链接,打开旺铺管理页面,单击"首页"栏右侧的"装修页面"超链接,进入装修页面,在店招右侧单击 编辑 按钮,如图6-44所示。

步骤 10 打开"店铺招牌"对话框,单击选中"自定义招牌"单选项,然后单击"源码"按钮 ,在下面的文本框中按【Ctrl+V】组合键粘贴刚才复制的代码,并在"高度"数值框中输入"150",最后单击 保存 按钮,如图6-45所示。

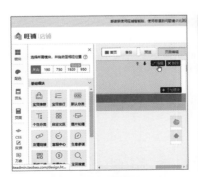

图6-44　单击 编辑 按钮

图6-45　粘贴代码

步骤 11 在装修页面左侧选择"页头"选项，在打开的页面中单击 更换图片 按钮，打开"打开"对话框，在其中选择店招与导航的图片，单击 打开(O) 按钮。图片上传成功后，在页头设置背景显示为"不平铺"，背景对齐为"居中"，如图6-46所示。

步骤 12 切换到素材中心，将鼠标指针移到海报上，单击"复制链接"按钮 ，复制该图片的链接。

步骤 13 在"码工助手"的"工具"栏中单击"电商通用热区工具"超链接。

步骤 14 打开"码工助手"的画布设置页面，在图片"链接"文本框中按【Ctrl+V】组合键粘贴刚才复制的图片地址。单击"添加热区"按钮 ，添加热区，如图6-47所示。在"链接"文本框中输入链接地址，完成后单击 生成代码 按钮，在打开的对话框中单击 复制代码 按钮复制代码。

图6-46 调整页头

图6-47 添加热区

步骤 15 切换到装修页面，在右侧的"模块"选项卡中选择"自定义区"模块，按住鼠标左键不放，将其拖动到导航条的下方，然后释放鼠标完成模块的添加。

步骤 16 在"自定义模块"上单击 编辑 按钮，打开"自定义内容区"面板，单击选中"不显示"单选项，单击"源码"按钮 ，在下面的文本框中按【Ctrl+V】组合键粘贴刚才复制的代码，再次单击"源码"按钮 ，然后单击 确定 按钮。

步骤 17 使用相同的方法制作另一张海报，完成后单击 预览 按钮，可预览设置后的效果。

课后练习

（1）利用提供的耳机网店店招图片（配套资源:\素材\第6章\常规店招.jpg）练习常规店招的装修方法，装修后的效果如图6-48所示。

图6-48 装修耳机网店后的效果

（2）使用图6-49所示的详情页素材（配套资源:\素材\第6章\详情页.psd）来装修耳机的详情页。装修前先对详情页图片进行切片，然后将切片格式保存为JPEG格式，最后利用"自定义区"模块进行装修。

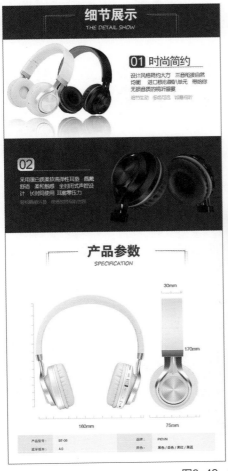

图6-49　耳机详情页

第 **7** 章

推广图的设计与制作

推广图是商家参加电商平台活动时所使用的商品宣传图，以淘宝网为例，推广图主要有首页中的引力魔方、搜索页中的商品主图和直通车推广图。一张优秀的推广图，不仅能够展示商品，还能够快速吸引消费者的注意力，引导消费者进一步了解商品或网店，从而提高网店销售量。越来越多的商家开始重视推广活动，设计与制作推广图也逐渐成为网店美工进行视觉设计的重点。

⟳ 技能目标

● 掌握主图的相关知识。

● 掌握引力魔方推广图的设计与制作方法。

● 掌握直通车推广图的设计与制作方法。

◉ 素养目标

● 培养读者设计与创新推广图的能力。

● 培养读者勤俭节约，拒绝浪费的社会价值观。

案例展示

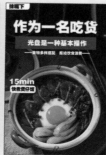

7.1 主图的设计与制作

主图可以说是商品的招牌，消费者在商品列表中能看到的信息只有商品的名称、价格与主图，因此，主图能否引起消费者的注意，会直接影响网店商品点击率的高低。

7.1.1 宝贝主图规范

主图一般可以为4~6张不同角度的商品图片，且大小须控制在3MB（MByte，兆）以内，原则是长和宽的比例是1:1，当主图的尺寸大于700像素×700像素时，网店美工可在商品详情页中使用放大镜功能直接放大主图，使消费者可以在主图中查看商品的细节。图7-1所示为使用放大镜查看商品主图的细节。由于京东、当当等电商平台的主图规格都是800像素×800像素，为了方便在其他平台发布商品主图时不用重新制作主图，我们一般将主图的尺寸统一为800像素×800像素。

图7-1 使用放大镜查看商品主图的细节

7.1.2 制作优质商品主图的技巧

作为商品的招牌，主图对商品的点击率和转化率有着巨大的影响，要使商品主图更有吸引力，网店美工就需要在制作商品主图时运用一些技巧，具体内容如下。

● 卖点清晰有创意：所谓"卖点"，就是指商品具备的与众不同的特色、特点，既可以是商品的款式、材质，也可以是商品的价格等。卖点清晰则是指让消费者粗略看一眼，就能快速了解商品的优势。主图中的卖点不需要多，但要能够直击要害，以直接的方式打动消费者。图7-2所示的主图直接将黄牛牛腩肉的品质展现了出来，并体现了包邮、送料包、重量等优势。

● 商品的大小适中：主图中的商品过大会显得臃肿，过小则不利于展示细节，也不利于突出商品。而大小合适的商品能增加消费者在浏览时的视觉舒适感，进而提高点击率。如图7-3所示，该主图可以让消费者了解手电筒的实际大小，并且能观察到其细节特征，包括材质、纹理、按钮等。

图7-2　卖点清晰有创意　　　　　　　　图7-3　商品的大小适中

● 宜简不宜繁：由于消费者浏览主图的速度较快，因此主图传达的信息越简单、明确，就越容易被消费者接受。主图中的商品放置杂乱、商品数量多、文案信息多、背景太乱、水印夸张等都会阻碍信息的传达。图7-4所示的主图设计简洁大气，展现了行李箱简约、大方的设计风格。

● 丰富细节：网店美工还可通过放大商品细节来提高主图的点击率，也可以在主图上添加除标题文本外的补充文本，如商品的特点与特色、包邮、特价等商家想要表达的信息，以丰富主图细节。图7-5通过展示护肤品的特色与特价活动等细节来吸引消费者的注意力。

图7-4　宜简不宜繁　　　　　　　　　　图7-5　丰富细节

7.1.3　数据线主图的设计

　　本例将为数据线商品制作主图，该商品体积较小，宽度较窄，可采用左图右文的方式平衡画面。由于商品为金色，因此，我们在颜色选择上使用了科技感十足的高明度蓝色搭配潮流感较强的黄色，使商品能够更加直观地被展现，然后添加卖点文字，如买一件送一件、买两件减5元等，并添加标志，增强品牌意识，保护商品图片，避免被盗用，具体操作如下。

微课：数据线主图的设计

步骤 01 新建大小为"800 像素 ×800 像素"、分辨率为"72 像素/英寸"、名称为"数据线主图"的文件。

步骤 02 选择"渐变工具"，在工具属性栏中单击"径向渐变"按钮，然后单击渐变色条，打开"渐变编辑器"对话框，将颜色色标值分别设置为"#24a6e6""#0774c8"，并设置第一个颜色色标的位置为"31%"，最后单击 确定 按钮，如图 7-6 所示。

图7-6 设置渐变编辑器

步骤 03 从中心向边缘拖动鼠标创建径向渐变，如图 7-7 所示。

图7-7 创建径向渐变背景

步骤 04 打开"数据线.png"和"数据线细节图.jpg"素材文件（配套资源:\素材\第7章\数据线.png、数据线细节图.jpg），将数据线拖动到图像文件中，

调整数据线的位置和大小。在数据线细节图中使用"椭圆选框工具"，为数据线细节图右侧的插头创建选区，然后使用"移动工具"将其添加到图像文件中，接着调整其大小与位置，如图 7-8 所示。

图7-8 添加并调整数据线素材

步骤 05 双击数据线图层右侧的空白区域，打开"图层样式"对话框，在左侧列表中单击选中"投影"复选框，在其右侧设置混合模式、不透明度、角度、距离、大小分别为"正片叠底""56%""120度""7 像素""8 像素"，最后单击 确定 按钮，如图 7-9 所示。

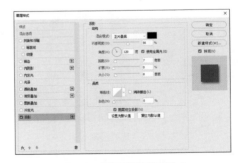

图7-9 设置投影图层样式

步骤 06 选择"横排文字工具"，设置字体为"方正兰亭中粗黑_GBK"，字体大小为"45 点"，颜色为"白色"，输入"ZYSJ"文本；设置字体大小为"110点"，颜色为"#f4f309"，输入"买一件"文本;更改字体大小为"92 点"，输入"送

一件"文本；设置字体大小为"32.5 点"，颜色为"#ffffff"，输入"Type-A 尼龙数据线"文本；更改字体大小为"39 点"，颜色为"#0774c8"，输入"买两件减"文本；更改字体大小为"64 点"，输入"5元"文本，如图 7-10 所示。

图7-10　输入文本

步骤 07 在"图层"面板中按住【Alt】键，拖动数据线图层后侧的"指示图层效果"图标 fx 到"买一件"和"送一件"文本图层上，复制投影效果，如图 7-11 所示。

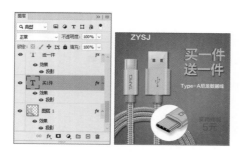

图7-11　复制投影效果

步骤 08 选择"圆角矩形工具" □，设置填充颜色为"#00b7ee"，在"ZYSJ"图层下方绘制半径为"30 像素"的圆角

矩形；取消选择绘制的圆角矩形，取消填充，设置描边颜色为"白色"，描边宽度为"2.5 点"，设置描边类型为"实线"，在"Type-A 尼龙数据线"图层下方绘制圆角矩形，如图 7-12 所示。

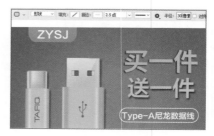

图7-12　绘制圆角矩形

步骤 09 选择"椭圆工具" ○，设置填充颜色为"#f4f309"，按住【Shift】键在"买两件减""5 元"文字下方绘制黄色圆；取消选择绘制的圆，取消填充，设置描边颜色为"#000000"，描边宽度为"4 点"，设置描边类型为"虚线"，在黄色的圆中绘制圆，完成数据线主图的制作，如图 7-13 所示（配套资源 :\ 效果 \第 7 章 \ 数据线主图 .psd）。

图7-13　主图效果

7.2　引力魔方推广图的设计与制作

引力魔方是一款全新的推广商品，全面覆盖了消费者购买前、购买中、购买后的消费全

链路，是唤醒消费者需求的重要入口。在制作引力魔方推广图前，网店美工需要先了解引力魔方推广图的位置和相关规范，然后再进行设计。

7.2.1 引力魔方推广图的位置和相关规范

引力魔方推广图与主图不同，其位置众多且尺寸各异，投放场景包括焦点图场景和信息流场景两种。不同位置对应的推广图尺寸、消费人群、消费特征和兴趣也各不同。因此，在制作引力魔方推广图时，网店美工要根据引力魔方推广图的位置、尺寸等信息调整广告诉求，并采取合适的表达方式进行展示。

● **焦点图场景**：焦点图场景位于手机淘宝首页的上方。焦点图标准尺寸为800像素×1200像素、513像素×750像素，其尺寸较大，能够完全地展示商品与文案如图7-14所示。

图7-14 引力魔方淘宝焦点图

● **信息流场景**：信息流场景包括首页的猜你喜欢（首页下方推荐板块）、购物中猜你喜欢（购物车底部）、购物后猜你喜欢（待收货底部）、红包互动权益（芭芭农场中）等信息流。其推广图有800像素×800像素和800像素×1200像素两个尺寸。网店美工在设计时注意要使图片和文字相结合，且文字要醒目。由于此类推广图尺寸较小，主要展示商品，因此文本需要精简。图7-15所示的左图为购物后猜你喜欢引力魔方推广图，中间为购物中猜你喜欢引力魔方推广图，右图为红包互动权益引力魔方推广图。

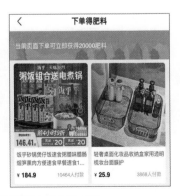

图7-15 信息流场景引力魔方推广图

7.2.2 引力魔方推广图的设计要点

引力魔方推广图的位置和尺寸虽然多样，但设计的要点都是一致的。

● 主体突出：引力魔方推广图的主体不一定是商品图片，也可以是创意方案，或对消费者诉求的呈现。推广图能够突出主体才能吸引更多消费者点击。图7-16所示为切蒜机的引力魔方推广图，它通过文案"一秒切蒜"来体现商品的功能性。

● 营销目标明确：引力魔方推广图投放的营销目标很多，如上新、引流，预热大型活动，以及品牌形象宣传等。因此，在设计与制作引力魔方推广图图片时，网店美工首先需要明确自己的营销目标，针对目标选择和设计素材，这样才能保证商品的点击率与转化率。图7-17所示为脱毛仪的引力魔方推广图，通过文案将功能体现出来，从而达到营销的目的。

● 形式美观：形式美观的引力魔方推广图更能获得消费者的好感，进而提高点击率。当选择好素材、规划好创意后，适当美化引力魔方推广图尤为重要。图7-18所示为益生菌咀嚼片的引力魔方推广图，采用蓝色为主色，画面美观。

图7-16　主体突出

图7-17　营销目标明确

图7-18　形式美观

7.2.3 煲仔饭引力魔方推广图设计

"抹嘴下"网店需要为快煮煲仔饭制作用于手机的淘宝焦点图，要求尺寸为800像素×1200像素，网店美工在设计时可以"作为一名吃货光盘是一种基本操作"为主题，体现勤俭节约、拒绝浪费的观念，以此提高消费者对网店的好感度，具体操作如下。

微课：煲仔饭引力魔方
推广图设计

步骤 01 新建大小为"800 像素 ×1200 像素"、分辨率为"72 像素／英寸"、名称为"煲仔饭引力魔方"的文件。

步骤 02 打开"煲仔饭 .png"素材文件（配套资源:\ 素材 \ 第 7 章 \ 煲仔饭 .png），将煲仔饭图片拖动到图像文件中，调整其大小和位置，如图 7-19 所示。

图7-19　添加素材

步骤 03 选择"圆角矩形工具" ▢，在工具属性栏中设置填充颜色为"白色"，半径为"30 像素"，然后在左上角绘制"200像素 × 65 像素"的圆角矩形。

步骤 04 选择"横排文字工具" T，在工具属性栏中设置字体为"方正超粗黑简体"，颜色为"#371918"，在圆角矩形的上方输入"抹嘴下"文字，并适当调整其大小和位置，如图 7-20 所示。

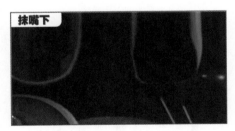

图7-20　输入文字

步骤 05 选择"横排文字工具" T，在工具属性栏中设置字体为"方正超粗黑简体"，颜色为"白色"，在图像中输入图 7-21 所示的文字，并调整文字的大小和位置。

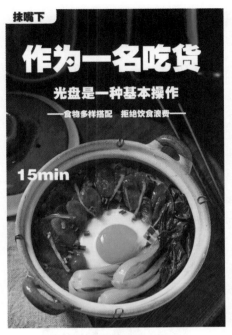

图7-21　输入文字

步骤 06 双击"作为一名吃货"图层右侧的空白区域，打开"图层样式"对话框，单击选中"内阴影"复选框，设置不透明度、距离、大小分别为"35%""3 像素""7像素"，如图 7-22 所示。

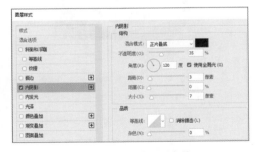

图7-22　设置内阴影参数

步骤 07 单击选中"投影"复选框，设置颜色、不透明度、距离、大小分别为"#920202""75%""10 像素""13 像素"，单击 确定 按钮，如图 7-23 所示。

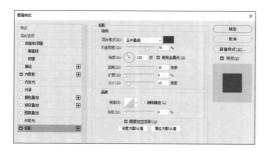

图7-23 设置投影参数

步骤 08 选择"矩形工具" ▢，在工具属性栏中设置填充颜色为"#5c5b5b"，然后在"光盘是一种基本操作"文字下方绘制"630 像素 ×100 像素"的矩形，并调整其位置，如图 7-24 所示。

图7-24 绘制矩形

步骤 09 选择"圆角矩形工具" ▢，在工具属性栏中设置填充颜色为"白色"，半径为"30 像素"，然后在煲仔饭左上角绘制"200 像素 ×60 像素"的圆角矩形。

步骤 10 选择"横排文字工具" T.，在工具属性栏中设置字体为"方正超粗黑简体"，字体大小为"35 点"，颜色为"#371918"，在圆角矩形的上方输入"快煮煲仔饭"文字，完成煲仔饭引力魔方

推广图的制作，如图 7-25 所示（配套资源 :\ 效果 \ 第 7 章 \ 煲仔饭引力魔方 .psd），使用后的效果如图 7-26 所示。

图7-25 查看完成后的效果

图7-26 查看使用效果

"勤俭节约，拒绝浪费"是公益广告的常见题材，也是我国传递的社会价值观之一。在设计公益广告时，网店美工需要展现公益广告的以下特点。直观性：直观的形象能使消费者对公益广告所承载的信息一目了然。生动性：公益广告本质上是一种感性的表现形式，因此生动的公益广告设计更能引起消费者某种内心深处的情感体验。艺术性：为了引起消费者在观念上的共鸣，挖掘不同的视觉感受，在设计公益广告时，可以采用独特的视角展现公益内容。文化性：在设计公益广告时，需要有效传达公益宣传的思想观念、价值取向和人文精神，使消费者快速了解公益内容，从而达到宣传推广的目的。

7.3 直通车推广图的设计与制作

直通车是淘宝网的常见推广方式，可以实现商品的精准推广。直通车推广能将商品信息推送给潜在的消费者，为商品和网店带来巨大流量，能够取得非常明显的营销效果。直通车推广图就是在直通车展位上所展示的图片，其设计类似于商品主图，但需要更加注重体现创意和视觉效果。

7.3.1 直通车的展现方式

参加直通车推广的商品，主要展示在以下两个位置。

● 关键词搜索结果页的展位：在消费者搜索好相应关键词后，搜索结果页的中间、右侧及底部的掌柜热卖区域中将出现直通车。图7-27所示为关键词搜索结果页底部的"掌柜热卖"直通车，单击"掌柜热卖"超链接可显示多个直通车。

图7-27 关键词搜索结果页底部的"掌柜热卖"直通车

● 消费者必经之路上的众多高流量、高关注度的展位：如阿里旺旺PC端的每日焦点和掌柜热卖、我的淘宝首页（猜我喜欢）、我的淘宝（已买到宝贝底部）、我的宝贝（收藏列表页底部）、购物车（购物车底部），以及网易、新浪、搜狐、环球网、搜狐视频、爱奇艺等大型媒体网站中的优质位置。图7-28所示为我的淘宝底部的"猜我喜欢"直通车的展示。

图7-28　我的淘宝底部的"猜我喜欢"直通车的展示

7.3.2　直通车推广图的设计要点

直通车推广图担负着为商品引流的重任，所以其既要有很好的视觉效果，也要能介绍并宣传商品，因此在有限的画幅内对其进行精心的设计就显得十分重要。一般情况下，网店美工在制作直通车推广图时应遵循以下3个原则。

● 主题卖点简洁精确：主题卖点要紧扣消费者诉求，并且要简洁精确，为了便于消费者接受，其标题字数应尽量控制在6个字以内。

● 构图合理：直通车推广图构图总体上要符合消费者从左至右、从上至下、先中间后两边的视觉流程，图文搭配比例要恰当，颜色搭配需和谐。应用文本时，文本的排列方式、行距、颜色、样式等要整齐统一，可通过改变字体的大小或者颜色来呈现信息的层次。图7-29所示的直通车图采用了从左至右的构图方式。

● 具有吸引力：使用独特的拍摄手法、夸张直接的文案，或通过商品的精美搭配使商品图片与其他商品的图片形成鲜明对比，让商品图片从图海中脱颖而出，从而吸引消费者的注意力，如图7-30所示。需要注意的是，若商品本身款式的吸引力较强，就需要全面展示款式，此时并不需要烦琐的文案，大量留白的背景、单一的色彩反而更能体现商品的质感，更能吸引消费者的注意力。

图7-29　构图合理

图7-30　具有吸引力的直通车图

7.3.3 直通车推广图引流的关键

快速打动消费者是直通车推广图成功的关键因素，网店美工若想制作出能快速吸引消费者注意力的直通车推广图，一般可从以下4个方面着手。

● 分析消费者心理需求：为了确保商品卖点紧扣消费者诉求，网店美工就需要分析消费者的心理需求。消费者的心理需求包括求实心理、求美心理、求便心理、炫耀心理、占便宜心理、从众心理、占有心理和害怕后悔心理等。如消费者若具有爱占便宜的心理，那么其看到超低折扣的商品后就很容易产生购买行为。1元购、免费试用、清仓等营销手段和鲜明的折扣信息等往往会吸引大量消费者的注意力，如图7-31所示。

● 分析图片的差异：我们可根据投放位置分析临近展位的直通车推广图，充分研究直通车推广图的特点，包括素材选择、色彩、构图、文案等，找出它们的共性，然后走差异化路线。如图7-32所示，该图以堆叠的方式展现"量大"的特征，能够与其他商品产生对比效果。

图7-31 分析消费者心理需求　　　图7-32 分析直通车推广图的差异

● 使用增值服务：突出放大增值服务，如顺丰包邮、货到付款、终身质保、保修包换、上门安装、送赠品等，可以增加消费者的兴趣，让消费者觉得更贴心，如图7-33所示。

● 使用大众好评：如果商品已经积攒了大量的销量和好评，这无疑是其强有力的卖点，我们可以突出放大文字好评，利用可靠的论证数据和事实来展示商品的特点，从而提高网店的点击率。图7-34所示的"热销120万盒"就是利用销量来赢得点击率的案例。

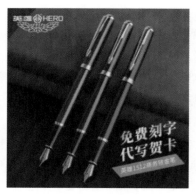

图7-33　使用增值服务

图7-34　突出销量

↘ 7.3.4　开心果直通车推广图的设计

　　针对一款开心果商品，为了达到快速引流的目的，网店美工准备制作直通车推广图。分析消费者对开心果的心理需求后，网店美工准备从价格、品质、味道出发，以具有品质感的商品图片、优惠的价格来吸引消费者的注意，并使用"开心时刻　一起分享"口号文字，使消费者产生认同感，具体操作如下。

微课：开心果直通车图
的设计

步骤 01　新建大小为"800 像素 × 800"像素、分辨率为"72 像素 / 英寸"、名为"开心果直通车推广图"的文件。

步骤 02　选择"钢笔工具" ，在工具属性栏中设置样式为"形状"，然后绘制斜线形状，按【Ctrl+Enter】组合键转换为选区，再设置前景色为"#5bb6cf"，接着按【Alt+Delete】组合键填充前景色，如图7-35 所示。

图7-35　绘制形状并填充前景色

步骤 03　双击绘制的形状图层右侧的空白区域，打开"图层样式"对话框，单击选中"渐变叠加"复选框，设置渐变颜色、角度、缩放分别为"#c2db87~#73a32d""-60 度 ""130%"，单击　确定　按钮，如图 7-36 所示。

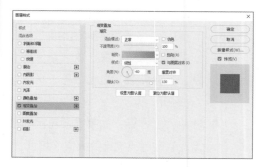

图7-36　设置渐变叠加参数1

步骤 04　再次选择"钢笔工具" ，在下方绘制形状，打开"图层样式"

对话框，单击选中"渐变叠加"复选框，设置渐变颜色、角度、缩放分别为"#c2db87~#73a32d""-78度""116%"，单击 确定 按钮，如图7-37所示。

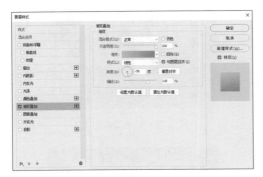

图7-37 设置渐变叠加参数2

步骤 05 打开"开心果.png"素材文件(配套资源:\ 素材 \ 第7章 \ 开心果.png)，将开心果图片拖动到图像文件中，调整其大小和位置，如图7-38所示。

图7-38 添加素材

步骤 06 选择"横排文字工具" T.，在工具属性栏中设置字体为"汉仪超粗黑简"，颜色为"白色"，字体大小为"135点"，在直通车的顶部输入"原味开心果"文本，在文字的下方输入"开心时刻 一起分享"文字，修改文本颜色为"#55870a"，

字体大小为"35点"，效果如图7-39所示。

图7-39 输入文字

步骤 07 双击"原味开心果"图层右侧的空白区域，打开"图层样式"对话框，单击选中"投影"复选框，设置投影颜色、不透明度、角度、距离、大小分别为"#82ad3e""88%""120度""8像素""9像素"，单击 确定 按钮，如图7-40所示。

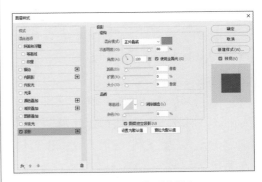

图7-40 设置投影参数1

步骤 08 选择"圆角矩形工具" □.，在工具属性栏中设置填充颜色为"白色"，半径为"30像素"，在"开心时刻，一起分享"文字下方绘制"370像素×60像素"的圆角矩形，如图7-41所示。

图7-41　绘制圆角矩形1

步骤 09 双击圆角矩形所在图层右侧的空白区域，打开"图层样式"对话框，单击选中"投影"复选框，设置投影颜色、不透明度、角度、距离、大小分别为"#82ad3e""49%""120度""8像素""9像素"，单击 确定 按钮，如图7-42所示。

图7-42　设置投影参数2

步骤 10 再次选择"圆角矩形工具" ⬜，在工具属性栏中取消填充，设置描边颜色为"#538c01"，描边宽度为"1像素"，设置描边选项为第2种选项，然后在圆角矩形的中间绘制"354像素 × 52像素"的圆角矩形，如图7-43所示。

步骤 11 新建图层，使用"钢笔工具" ✎，在图层下方绘制形状，按【Ctrl+Enter】组合键将路径转换为选区，并填充为

"#ffdb3c"颜色，如图7-44所示。

图7-43　绘制圆角矩形2

图7-44　绘制形状1

步骤 12 按住【Alt】键不放，向下拖动复制形状，然后单击复制后形状对应的缩略图，使其呈选区状态显示，然后填充为"#a2c462"颜色。

步骤 13 选择"圆角矩形工具" ⬜，在工具属性栏中设置渐变颜色为"#fe1f3e~#fd556e"，渐变角度为"61"，半径为"30像素"，然后绘制"270像素 × 160像素"的圆角矩形，如图7-45所示。

步骤 14 选择"横排文字工具" T，在工具属性栏中设置字体为"汉仪超粗黑简"，颜色为"白色"，在直通车中输入图7-46所示的文字，调整文字的大小和位置，完成开心果直通车推广图的制作

（配套资源 :\ 效果 \ 第 7 章 \ 开心果直通车推广图 .psd ）。

图7-45 绘制形状2

图7-46 最终效果

7.4 实战演练

下面将从淘宝直通车推广图和引力魔方推广图入手，帮助大家进一步巩固推广图的制作方法。

7.4.1 制作剃须刀直通车推广图

某网店为了提高剃须刀商品的销量，需要制作剃须刀直通车推广图，为了营造科技感，网店美工可将文字通过立体的方式来体现，并以灰色作为主色，与商品颜色相搭配。在内容上可添加说明文字如"型男必备"，然后添加促销金额用于快速吸引消费者点击购买，制作后的效果如图7-47所示。

图7-47 剃须刀直通车推广图

1. 设计思路

制作剃须刀直通车推广图的设计思路如下。

（1）剃须刀直通车推广图设计构思。为了符合男性审美，可通过背景、文字来体现。

（2）制作背景。根据提供的素材，确定背景颜色为蓝色，然后添加剃须刀素材后完善背景。

（3）设计文字。为了体现男性特征，可通过立体文字来提升整个画面的立体感。

2. 知识要点

完成本例剃须刀直通车推广图的制作，需要掌握以下知识。

（1）素材的使用：添加背景和剃须刀素材，并对剃须刀添加图层样式。

（2）文字的添加：输入"型男必备""浮动剃须""特惠""¥99"文字，并对文字依次添加图层样式、光线等内容，提高识别度。

微课：制作剃须刀直通车推广图

3．操作步骤

制作剃须刀直通车推广图的具体操作如下。

步骤 01 新建大小为"800像素×800像素"、分辨率为"72像素/英寸"、名称为"剃须刀直通车"的文件，打开"剃须刀直通车背景.jpg"素材文件（配套资源:\素材\第7章\剃须刀直通车背景.jpg），将背景拖动到图像文件中，调整其位置和大小，如图7-48所示。

图7-48 添加背景

步骤 02 打开"剃须刀.png"素材文件（配套资源:\素材\第7章\剃须刀.png），将其拖动到"剃须刀直通车"文件中，调整其位置和大小。

步骤 03 双击剃须刀图层右侧的空白区域，在打开的对话框的左侧列表中单击选中"内发光"复选框，设置混合模式、不透明度、颜色、大小分别为"线性光""80％""#13325f""38像素"，如图7-49所示。

步骤 04 继续单击选中"外发光"复选框，设置混合模式、不透明度、颜

色、扩展、大小分别为"滤色""75％""#13325f""16％""49像素"，单击确定按钮，如图7-50所示。

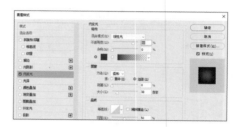

图7-49 设置内发光

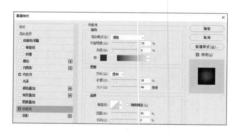

图7-50 设置外发光

步骤 05 选择剃须刀所在图层，按【Ctrl+J】组合键复制，并垂直翻转该复制图层，设置图层不透明度为"40%"，移至原图片下方制作投影，如图7-51所示。

图7-51 制作投影

步骤 06 选择"横排文字工具" T,，设置字体为"华康黑体 W9(P)"，字体大小为"135 点"，颜色为"#606d92"，输入"型男必备"文本；更改字体为"黑体、仿粗体"，字体大小为"210 点"，颜色为"#030000"，输入"99"文本；更改字体大小为"69 点"，颜色为"#021125"，字体为"等线"，输入"¥"文本，如图 7-52 所示。

图7-52 输入文本

步骤 07 选择"型男必备"图层，打开"素材 1.png"素材文件（配套资源:\ 素材 \ 第 7 章 \ 素材 1.png），将其拖动到文本图层上，并通过剪贴蒙版裁剪到文本中，如图 7-53 所示。

图7-53 添加素材

步骤 08 再次选择"型男必备"图层，按【Ctrl+J】组合键复制该图层，打开"素材 2.png"素材文件（配套资源:\ 素材 \ 第 7 章 \ 素材 2.png），将其拖动到复制的文本图层上，并通过剪贴蒙版裁剪到复制文本中，如图 7-54 所示。

图7-54 复制图层并添加素材

步骤 09 使用相同的方法为"99"图层添加相同的剪贴蒙版，选择"¥"图层，按【Ctrl+J】组合键复制该图层，修改复制的"¥"文本颜色为"#2154a4"，并调整文本位置，如图 7-55 所示。

图7-55 添加剪贴蒙版

步骤 10 选择与"99"图层相关的所有图层，按【Ctrl+G】组合键将其创建为图层组，按【Ctrl+J】组合键复制该图层组，垂直翻转复制的图层组，并设置其不透明度为"40%"，移至原图层组下方，制作投影，再使用相同的方法为"¥"文本图层制作投影，效果如图 7-56 所示。

图7-56 为文本图层制作投影的效果

步骤 11 选择"圆角矩形工具" ▢，在工具属性栏中取消填充，设置描边颜色为"#ffffff"，描边宽度为"1 点"，半径为"10 像素"，在"型男必备"文字下方绘制圆角矩形，按【Ctrl+J】组合键复制该图层，并缩小圆角矩形的宽度，修改填充颜色为"#2e5aa8"，效果如图 7-57 所示。

图7-58　输入文本

步骤 13 打开"光线.psd"素材文件（配套资源\素材\第 7 章\光线.psd），将光线分别拖动到图像中，调整其大小与位置，完成本例的制作，最终效果如图 7-59 所示（配套资源\效果\第 7 章\剃须刀直通车.psd）。

图7-57　绘制圆角矩形

步骤 12 选择"横排文字工具" T，设置字体为"黑体"，字体大小为"28 点"，颜色为"白色"，在蓝色圆角矩形内输入"浮动剃须"文本；修改文本颜色为"#f6ce56"，输入"特惠"文本，效果如图 7-58 所示。

图7-59　最终效果

7.4.2　设计护肤品引力魔方推广图

某网店准备为一款护肤品制作引力魔方推广图来进行引流，并在手机淘宝焦点图上进行显示，为了达到引流和宣传新品的目的，网店美工在设计时需要体现商品，并通过文字凸出主体、明确目的，制作好的护肤品引力魔方推广图的效果如图7-60所示。

1. 设计思路

本例护肤品引力魔方推广图的设计思路如下。

（1）色调的选择。色调需要根据行业及商品的颜色来进行选择，本例商品的主色调为紫色，因此选择淡紫色的背景来搭配，让整体色调一致。

（2）文本的渐变设计。本例通过文本的渐变、大小

图7-60　护肤品引力魔方推广图

对比设计来体现文本的显示级别。

2. 知识要点

完成本例的设计，需要掌握以下知识。

（1）护肤品引力魔方推广图的设计要点，如主图突出、目标明确、形式美观等。

（2）文本的输入及形状的绘制。文本的字体、颜色、大小的搭配组合，以及与形状的外观、颜色搭配的组合。

微课：设计护肤品引力魔方推广图

3. 操作步骤

下面制作紫色护肤品引力魔方推广图，具体操作如下。

步骤 01 新建大小为"800 像素 ×1200 像素"、分辨率为"72 像素 / 英寸"、名称为"护肤品引力魔方"的文件，在背景中添加紫色护肤品背景(配套资源:\ 素材\ 第 7 章\ 紫色护肤品背景 .jpg)，如图 7-61 所示。

步骤 02 打开"紫色护肤品 .png"素材文件（配套资源:\ 素材\ 第 7 章\ 紫色护肤品 .png），将其拖动到图像中间，在"图层"面板中单击"添加图层蒙版"按钮 ；选择蒙版，设置前景色为"黑色"，选择"画笔工具" ，设置画笔不透明度为"70%"，调整画笔大小，使用画笔涂抹护肤品的投影部分，让过渡更加自然，如图 7-62 所示。

步骤 03 选择"横排文字工具" T ，设置字体为"方正粗圆简体"，颜色为"#585959"，输入"有效补水 持久保湿"文本；修改颜色为"#3b3c3c"，输入"补水柔肤 肌肤活力满格 "文本；修改颜色为"白色"，输入"补水玻尿酸新品套装"文本；修改颜色为"#6a4490"，输入"水嫩配方·丝滑细腻"文本，调整文本字体的大小和位置，效果如图 7-63 所示。

图7-63 输入文本

步骤 04 双击"补水柔肤 肌肤活力满格 "图层右侧的空白区域，在打开的"图层样式"对话框中单击选中"渐变叠加"复选框，设置渐变颜色分别为"#6a4490""#c1b3d7"，单击 确定 按钮，如图 7-64 所示。

图7-61 添加背景

图7-62 绘制投影

图7-64 设置渐变叠加

步骤 05 选择"圆角矩形工具" ◻，取消描边，设置半径为"10像素"，在"填充"下拉列表中单击"渐变"按钮 ■，双击色标，在打开的对话框中设置渐变颜色为"#dd256f ~ #734194"，角度为"-7"，在"补水玻尿酸新品套装"文字下方绘制渐变圆角矩形，调整圆角矩形的大小与位置，如图7-65所示。

图7-65 绘制形状并输入文本

步骤 06 保存图像，完成本例的操作（配套资源:\效果\第7章\护肤品引力魔方.psd）。

课后练习

（1）使用提供的素材（配套资源:\素材\第7章\绿色护肤品.psd）制作绿色护肤品主图，要求体现商品卖点、价格等重要信息，吸引消费者的注意力。制作后的主图效果如图7-66所示（配套资源:\效果\第7章\绿色护肤品主图.psd）。

（2）使用提供的素材（配套资源:\素材\第7章\口红.psd）制作口红引力魔方推广图，要求卖点明确，且具有吸引力。制作完成后的效果如图7-67所示（配套资源:\效果\第7章\口红引力魔方.psd）。

图7-66 绿色护肤品主图效果

图7-67 口红引力魔方推广图效果

第8章

视频的设计与制作

　　随着移动电商的快速发展，视频成了各大电商平台吸引流量的一个重要途径。相较于文字和图像，视频的展现方式更加简单、明了，且形式新颖，符合当下的时代潮流。通过主图和详情页中的视频，消费者可以更全面、清晰地了解商品和品牌的具体信息，因此，视频的设计与制作也是网店美工的必备技能之一。

◎ 技能目标

- 掌握视频制作的基础知识。
- 掌握视频设计与制作的方法。
- 掌握视频上传的方法。

◎ 素养目标

- 培养读者的视频制作能力。
- 培养读者在不同场景下对视频的运用能力。

案例展示

8.1 视频制作基础

视频作为主图和详情页中表现商品卖点、详情等的有效载体，是网店设计中不可或缺的一部分。在制作视频前，网店美工需要先了解视频的基本术语和制作要求，然后了解常用的软件和制作流程。

8.1.1 视频的基本术语

视频的基本术语在相机设置和视频剪辑软件中经常见到。

- **帧**：帧相当于电影胶片上的每一格镜头，一帧就是一幅静止的画面，连续的多帧就能形成动态效果。
- **帧速率**：帧速率指每秒刷新的图片的帧数，单位为每秒传输帧数（Frames Per Second，fps）。要想生成平滑连贯的动画效果，至少要保证帧速率不小于8fps，即每秒至少显示8帧静止画面。理论上来说，帧速率越高，视频越流畅，动作也更清晰，所占用的空间也越大。帧速率对视频的影响还在于播放时所使用的帧速率大小，若以24fps播放8fps的视频，则是快放的效果；相反，若以24fps播放96fps的视频，其播放速率将变为原来的1/4，视频中的所有动作将会变慢，如电影中常见的慢镜头播放效果。
- **时间码**：时间码是相机在记录图像信号时，针对每一幅图像记录的时间编码。通过为视频中的每个帧分配一个数字，用以表示小时、分钟、秒钟和帧数。其格式为：××H××M××S××F，其中的××代表数字，也就是以"××小时××分钟××秒××帧"的形式确定每一帧的地址。
- **MP4格式**：MP4格式（MPEG-4）是一种标准的数字多媒体容器格式，主要以存储数字音频及数字视频为主，也可以存储字幕和静止图像。MP4格式的优点是可以容纳支持比特流的视频流，使其可以在网络传输时使用流式传输，它常用于商品的视频摄影和制作中（其他常用的视频格式还有AVI、MOV、WMV等格式）。

8.1.2 视频制作要求

在制作视频前，网店美工需要先了解视频的制作要求，如视频大小、尺寸、时长和格式等，避免出现制作的视频不能使用的情况。

1. 主图视频要求

主图视频主要是以视频的形式补充主图对商品的展示，通常显示在商品页面的第一张主图之前，如图8-1所示。

- **主图视频大小**：不超过300MB。
- **主图视频尺寸**：建议分辨率大于1280像素×720像素（又称720P，采用这种分辨率的视频为高清视频），比例可为1∶1、16∶9或3∶4。

● 主图视频时长：小于60秒，建议在30秒以内。

图8-1 主图视频

● 主图视频格式：WMV、AVI、MPG、MPEG、3GP、MOV、MP4、FLV、F4V、M2T、MTS、RMVB、VOB、MKV（阿里创作平台目前仅支持MP4格式）。

● 主图视频内容：视频中需无水印，无二维码，商家Logo不得以角标或水印的形式出现，无"牛皮癣"和外部网站信息。视频内容必须与商品相关，不能是纯娱乐或纯搞笑的段子，不建议将电子相册式翻页图片作为视频内容。

经验之谈：

　　视频中应避免的"牛皮癣"主要指：多个文字区域大面积铺盖画面，干扰消费者正常查看商品；文字区域的颜色过于醒目，且面积过大，容易分散消费者注意力；文字区域在商品中央，透明度低、面积大且颜色鲜艳，妨碍消费者正常观看视频。

2. 详情页视频要求

详情页视频主要以视频的形式补充详情页对商品的展示内容，通常显示在详情页图片中间，如图8-2所示。

图8-2 详情页视频

- 详情页视频大小：建议不超过300MB。
- 详情页视频尺寸：建议分辨率尽量为1280像素×720像素，比例尽量为16∶9。
- 详情页视频时长：建议在1～3分钟。

详情页视频的内容和格式要求与主图视频的相应要求相同，这里不再赘述。

8.1.3 认识剪映视频剪辑软件

剪映是由抖音短视频官方推出，带有全面的剪辑功能，支持多种变速、滤镜、转场效果，提供丰富的曲库资源，全面的视频剪辑工具。除此之外，剪映还提供了大量模板，可以满足大部分视频剪辑新手的需求。

剪映有移动端应用程序（Application，App）和个人计算机（Personal Computer，PC）端应用软件两种形式。移动端剪映App支持直接在手机上剪辑制作拍摄的短视频并将其发布，十分适合视频剪辑新手。PC端剪映具有更加专业、强大、丰富的功能，还能识别语音生成字幕。图8-3所示为PC端剪映页面。

图8-3　PC端剪映页面

8.1.4 视频制作流程

使用剪映视频剪辑软件制作视频，有剪辑视频、保存导出和上传分享3个步骤，根据该流程进行操作，能快速完成视频的制作。

1. 剪辑视频

剪辑视频是视频制作的第一步，也是最为关键的一步，主要是对视频素材进行编辑与分割、添加转场与滤镜特效、添加字幕和配乐等操作。

- 素材编辑与分割：素材编辑主要是指通过裁剪、贴图、标记等操作编辑视频。素材分割主要是指将一段完整的素材分为多段内容，以便调换视频片段的位置，或删除不需要的视频片段。
- 添加转场与滤镜特效：使视频效果更加精彩纷呈、丰富多彩。

● 添加字幕：制作完视频主体部分后，适当添加字幕可以让消费者理解其主旨。
● 添加配乐：添加字幕后，还可根据需要为视频添加背景音乐或旁白等。

2. 保存导出

剪辑视频完成后，网店美工还需要保存和导出视频，以防视频丢失或损坏。其具体操作为：单击剪映视频剪辑软件操作界面右上角的 导出 按钮，在打开的页面中选择视频导出的基本设置，完成后单击 导出 按钮，如图8-4所示，稍等片刻即可完成导出操作。

3. 上传分享

完成导出操作后，若需要将视频上传或分享到其他平台中，需要先导出视频（见图8-4），再通过其他平台进行视频的上传与分享（见图8-5）。

图8-4　保存导出　　　　　　　　　　　图8-5　分享视频

8.2 主图和详情页视频的设计与制作

视频比图文的展示效果更直观，能帮助消费者更快了解商品信息，打消消费者对商品的疑虑。视频在网店中主要出现在主图和详情页中，消费者在浏览主图时可以通过主图视频了解商品的主要卖点，然后再继续浏览详情页；而详情页视频是对商品的详细介绍或网店内容的展现，用于帮助消费者了解网店。

微课：设计与制作主图视频

↘ 8.2.1 设计与制作主图视频

某水果网店需要为水蜜桃制作主图视频，方便消费者查看水蜜桃信息，如水蜜桃的采摘场景、清洗、破开场景等效果。网店美工在制作主图视频时，可先分割拍摄的视频，删除多余视频片段，并添加滤镜和转场，增加美观度，具体操作如下。

步骤 01 打开剪映视频剪辑软件，在页面上方单击"开始制作"按钮 ，如图 8-6 所示，打开剪映视频剪辑界面。

图8-6 单击"打开"按钮

步骤 02 在界面左上角单击"导入"按钮，打开"打开"对话框，选择"水蜜桃视频1.mp4～水蜜桃视频5.mp4"素材文件（配套资源:\ 素材 \ 第8章 \ 水蜜桃视频1.mp4～水蜜桃视频5.mp4），单击 打开(O) 按钮，此时界面左上角显示了导入的视频，单击以选择视频，按住鼠标左键不放，依次将视频拖动到时间轴上，然后调整视频的位置方便编辑视频，如图8-7所示。

图8-7 添加视频

步骤 03 在"项目时间轴"面板中将时间指针拖至"00:06:15"位置处，单击"分割"按钮，将第一段视频分割为2段，如图8-8所示。

图8-8 分割视频1

步骤 04 在"项目时间轴"面板中将时间指针拖至"00:13:19"位置处，按【Ctrl+B】组合键分割视频，依次在"00:38:04""00:41:18""1:03:01""01:07:27""01:13:26""01:17:02""01:24:26""01:26:08""01:32:24""01:39:19""01:46:17"位置处分割视频，如图8-9所示。

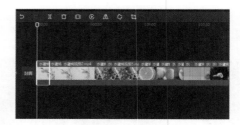

图8-9 分割视频2

步骤 05 选择第1段视频片段，单击"删除"按钮，删除选择的视频，也可按【Delete】键删除，如图8-10所示。此时，在右上角将显示删除的信息，若需要修改可单击 修改 按钮修改视频，如图8-11所示。

图8-10 删除视频

图8-11 修改视频

步骤 06 使用相同的方法，删除已有视频中的第 2 段、第 3 段、第 5 段、第 6 段、第 8 段、第 10 段、第 12、第 14 段视频，如图 8-12 所示。

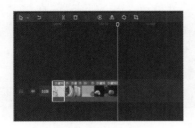

图8-12 删除其他视频

步骤 07 选择第 1 段视频片段，在右上角单击"变速"选项卡，在"时长"栏中设置时长为"3s"，如图 8-13 所示，完成后按【Enter】键。

图8-13 设置视频时长1

步骤 08 使用相同的方法将倒数第 2 段视频片段的时长设置为"3s"，倒数第 1 段视频片段的时长设置为"4s"，如图 8-14 所示。

图8-14 设置视频时长2

步骤 09 将时间指针移动到第 1 段视频片段和第 2 段视频片段中间，在左上角单击"转场"选项卡，在下方的列表中单击"叠化"右侧的按钮，下载转场，然后单击按钮，将转场添加到轨道中，如图 8-15 所示。

图8-15 添加转场1

步骤 10 选择转场，在右上角的面板中设置转场时长为"0.5s"，如图 8-16 所示。

图8-16 设置转场时长

步骤 11 将时间指针移动到倒数第 1 段视频片段和倒数第 2 段视频片段中间，在左上角单击"转场"选项卡，在下方的列表中单击"模糊"右侧的按钮，下载转场，然后单击按钮，将转场添加到轨道中，如图 8-17 所示。

图8-17　添加转场2

步骤 12 在轨道左侧单击 按钮，打开"封面选择"对话框，在其中选择一张图片作为封面图片，这里选择粉色背景中 3 个水蜜桃的图片，完成后单击 按钮，如图 8-18 所示。若没有合适的图片可单击"本地"选项卡，在其中选择合适的图片。

图8-18　选择封面

步骤 13 打开"封面设计"对话框，其左侧罗列了系统提供的样式，这里单击第 2 排第 3 种样式，可发现右侧自动显示选择的样式效果，单击白色文本框，将文字修改为"龙泉驿水蜜桃"，再选择黄色文字，将文字修改为"水蜜桃"，接着选择左侧多余的文字样式，按【Delete】

键将其删除，调整文字位置，完成后单击 按钮，最后完成封面设置，如图8-19 所示。

图8-19　编辑封面

步骤 14 在操作界面右侧单击 按钮，在打开的页面中填写作品名称，并选择导出位置后，单击 按钮完成导出操作，如图 8-20 所示。导出完成后，打开保存文件夹可查看保存的视频和封面图片，如图 8-21 所示（配套资源:\效果\第 8 章\水蜜桃主图视频 .mp4、水蜜桃主图视频 – 封面 .jpg）。

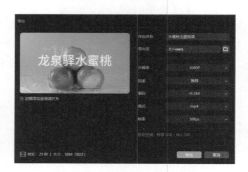

图8-20　设置导出名称和位置

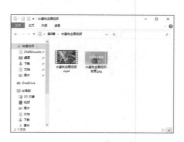

图8-21　导出视频和封面

8.2.2 设计与制作详情页视频

某网店拍摄了一则电动牙刷的视频准备用于详情页中，但拍摄的电动牙刷详情页视频存在多余部分，需要先分割并删除多余部分，并针对场景添加文字和关闭原声后再重新添加音频，具体操作如下。

微课：设计与制作详情页视频

步骤 01 打开剪映视频剪辑界面，在左上角单击"导入"按钮，打开"打开"对话框，选择"电动牙刷 .mov"素材文件（配套资源 :\ 素材 \ 第 8 章 \ 电动牙刷 .mov），单击 打开(O) 按钮，此时界面左上角显示了导入的视频，这时使用鼠标选择视频，按住鼠标左键不放，将视频拖动到时间轴上，方便进行视频编辑，如图 8-22 所示。

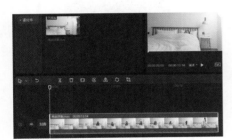

图8-22 添加视频

步骤 02 在"项目时间轴"面板中将时间指针分别拖至"00:01:20""00:12:14"位置处，按【Ctrl+B】组合键分割视频，如图 8-23 所示。

图8-23 分割视频1

步骤 03 选择第一段和最后一段视频片段，按【Delete】键删除，如图 8-24 所示。

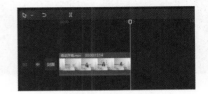

图8-24 删除视频片段1

步骤 04 选择视频，在右上角中单击"变速"选项卡，在"时长"栏中设置时长为"6.0s"，如图 8-25 所示，完成后按【Enter】键。

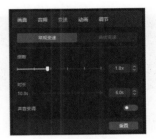

图8-25 设置视频时长

步骤 05 使用相同的方法继续添加其他视频（配套资源 :\ 素材 \ 第 8 章 \ 电动牙刷视频），如图 8-26 所示。

图8-26 添加其他视频

步骤 06 在"项目时间轴"面板中将时间指针拖动至"00:9:27"位置处，按【Ctrl+B】组合键分割视频，再依次在"00:12:15""00:25:03""00:32:00""00:35:08

""00:40:17""00:49:29""01:18:12""01:27:00"
"01:34:08""01:38:15""01:56:24""02:24:15"
"02:51:06"位置处分割视频，如图8-27
所示。

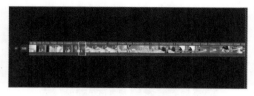

图8-27 分割视频2

步骤 07 依次选择第3段、第6段、第8段、第9段、第12段、第14段、第16段、第18段、第20段、第22段、第24段、第27段、第30段视频片段，按【Delete】键删除，如图8-28所示。

图8-28 删除视频片段2

步骤 08 选择所有视频片段，单击"关闭原声"按钮，以关闭所有原声，如图8-29所示。

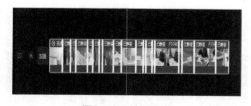

图8-29 关闭原声

步骤 09 将时间指针移动到视频片头，在界面左上角单击"音频"选项卡，并在下方的列表中单击"奇妙之旅"右侧的按钮，下载音频，然后单击按钮，将音频添加到轨道中，如图8-30所示。

步骤 10 选择添加的音频，在"音频"面板中单击"变速"选项卡，设置倍数为"0.8x"，完成后按【Enter】键，如图8-31所示。

图8-30 添加音频

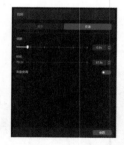

图8-31 设置音频速度

步骤 11 在"项目时间轴"面板中将时间指针拖动至"00:11:21"位置处，单击"文本"选项卡，在左侧列表中选择"新建文本"选项卡，在右侧列表中单击"花字"项目下第1排第3个字体样式，单击按钮，下载文字，如图8-32所示，然后将文字拖动到时间指针处。

图8-32 选择字体样式

步骤 12 在右侧的"文本"面板中输入"牙齿发黄怎么办？"文本，如图8-33所示。

图8-33 输入文本1

步骤 13 向下滑动，在"位置大小"栏中设置缩放为"53%"，如图8-34所示。

图8-34 设置缩放

步骤 14 在展示区域中，拖动文字框到右上角，如图8-35所示。

图8-35 调整文字位置

步骤 15 在"项目时间轴"面板中将鼠标指针移动到文字右侧，当鼠标指针呈 状态时，向左拖动至"00:12:15"位置处，如图8-36所示。

图8-36 调整文字在时间轴中的位置

步骤 16 将时间指针拖动至"00:26:00"位置处，使用前面相同的方法在右上角输入"美白效果看得见"文本，然后在"项目时间轴"面板中将文字向右拖动至"00:30:15"位置处，如图8-37所示。

图8-37 输入文本2

步骤 17 使用相同的方法，在"00:30:27"位置处，输入"全身防水"文本，然后在"项目时间轴"面板中将文字向左拖动至"00:33:01"位置处，如图8-38所示。

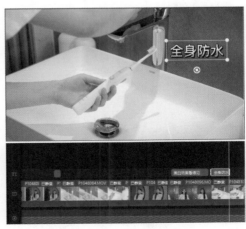

图8-38 输入文本3

步骤 18 使用相同的方法，在"00:40:29"位置处，输入"无线充电"文本，然后在"项目时间轴"面板中将文字向左拖动至"00:41:26"位置处，如图8-39所示。

图8-40 添加其他字幕后的效果（续）

图8-39 输入文本4

步骤 19 使用相同的方法制作其他视频片段的字幕，部分效果如图8-40所示。

经验之谈：

在添加字幕时，字幕的大小与样式要根据当前视频的内容与商品所要表达的效果来确定，尽量保证字幕大小适中、颜色协调。

步骤 20 在操作界面右侧单击 导出 按钮，在打开的页面中填写作品名称，并选择导出位置后，单击 导出 按钮完成导出操作，如图8-41所示。导出完成后，打开相应文件夹可查看保存的视频（配套资源\效果\第8章\电动牙刷详情页视频.mp4）。

图8-40 添加其他字幕后的效果

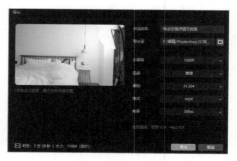

图8-41 导出视频

8.3　视频上传

在上传视频前，网店美工需要先了解支持视频功能的商品类目，以及上传视频要达到的要求，然后再上传与发布视频。

8.3.1　支持视频功能的商品类目

目前，电商平台的大多数商品类目基本都支持视频功能，以淘宝为例，男装、护肤品、书籍、零食、家装主材、厨房电器、运动鞋、笔记本电脑、布艺软饰、工艺饰品、特色手工艺、基础建材、3C数码配件等类目都支持视频功能，但成人用品和内衣等类目则不支持视频功能。

8.3.2　上传与发布视频

制作完成主图视频和详情页视频后，网店美工需要将主图视频和详情页视频上传到素材中心，方便发布商品时直接使用，具体操作如下。

微课：上传与发布视频

步骤 01　登录淘宝网，进入千牛页面，在"商品"栏右侧的列表中单击"图片空间"超链接。

步骤 02　进入素材中心页面，单击左侧"视频"选项卡，如图8-42所示，之后在右侧单击 上传 按钮。

图8-42　单击"视频"选项卡

步骤 03　打开"上传视频"对话框，在"上传到"下拉列表中选择"PC电脑端视频库"选项，单击 上传 按钮，如图8-43所示。

图8-43　上传视频

步骤 04　打开"打开"对话框，选择"水蜜桃主图视频.mp4"效果文件（配套资源:\效果\第8章\水蜜桃主图视频.mp4），单击 打开(O) 按钮，如图8-44所示。

图8-44　选择需要上传的视频

步骤 05 稍等片刻，即可发现视频上传成功，设置标题为"水蜜桃主图视频香甜味美"，另外页面下方将显示从视频中获取的一些画面，可直接用作封面，也可从新上传已经设置好的主图视频，这里从新上传封面图，完成后单击 确认 按钮，如图8-45所示。

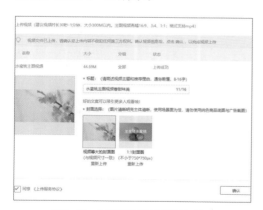

图8-45　设置标题并选择视频封面

📢 **经验之谈：**

除了先上传视频到素材中心外，网店美工还可直接在"素材中心"中单击 视频制作 按钮，进入淘拍页面，在该页面中可直接拍摄和上传视频。

步骤 06 上传视频后需等待审核，审核通过后便可在素材中心查看视频上传结

果，如图8-46所示。

图8-46　查看视频上传

步骤 07 返回千牛页面，在"商品"栏右侧的列表中单击"发布宝贝"超链接。

步骤 08 在打开的页面中选择商品类目，单击 下一步,发布商品 按钮，如图8-47所示。

图8-47　选择商品类目

步骤 09 在发布页面的"基础信息"栏中输入商品的信息，在"主图视频比例"栏中单击选中"1：1或16：9"单选项，然后单击"主图多视频"后的图标，如图8-48所示。

图8-48　单击"主图多视频"后的图标

步骤 10 打开"选择视频"页面，单击主图，打开视频编辑页面，这里单击选中"水蜜桃主图视频香甜味美"前的复选框，单击 确认 按钮，如图 8-49 所示。

图8-49　选择视频

步骤 11 返回"选择视频"页面，此时可发现选择的视频已经添加到主图视频栏中，单击 确认 按钮，如图 8-50 所示。

图8-50　查看添加的视频

步骤 12 返回发布页面，可发现主图多视频位置已经被新添加的视频替代，如图 8-51 所示。输入其他内容，单击 提交宝贝信息 按钮即可完成商品的发布。

图8-51　查看视频并发布商品

经验之谈：

对于淘宝网来说，添加视频主要有两种方法。一是在发布宝贝时添加主图视频，二是在装修网店页面时，通过视频模块或自定义区模块添加视频。

8.4　实战演练——制作并上传主图视频

近年来"助农"一直是人们讨论的热门话题，今日某水果网店准备对滞销的草莓进行促销，希望通过该促销活动减少库存。为了让更多消费者了解到草莓的品质，网店将制作草莓主图视频，通过视频展现草莓鲜嫩、多汁的特点，并添加网店名称便于消费者识别。制作水果主图视频的效果如图8-52所示。

设计素养：

"助农"是促进经济发展、政治稳定、民族团结和社会和谐的有效方式。在设计助农类作品时，设计网店美工可直接添加"助农"文字，一般在农产品网店的视觉设计中使用。进行农产品网店的视觉设计时，可以采用新鲜、安全、无污染、自然等词来凸显商品，或展现商品的产地、采摘场景等，以此提高消费者的好感度。

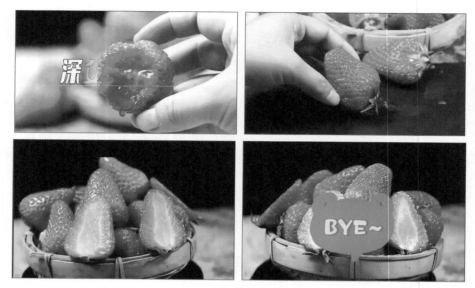

图8-52　水果主图视频效果

1. 设计思路

制作并上传主图视频的设计思路如下。

（1）水果主图视频构思。为了体现水果的卖点、提升网店形象，在制作主图视频时可删除视频中水果展现不够突出的部分。

（2）裁剪视频。根据提供的素材，分割视频，并删除多余视频片段。

（3）添加文字。添加网店名称，起到宣传网店的作用。

（4）上传视频。上传视频到素材中心，以方便调用。

2. 知识要点

完成本例主图视频的制作与上传，需要掌握以下知识。

（1）处理视频：使用【Ctrl+B】组合键分割视频，使用"文本"选项卡输入文本。

（2）上传视频：进入素材中心，上传视频，以方便使用。

微课：制作并上传
主图视频

3. 操作步骤

制作并上传主图视频的具体操作如下。

步骤 01 打开剪映视频剪辑界面，在左上角单击"导入"按钮，打开"打开"对话框，在其中选择"草莓视频 .mp4"素材文件(配套资源 :\ 素材 \ 第 8 章 \ 草莓视频 .mp4)，单击 打开(O) 按钮，此时界面左上角显示了导入的视频，这时使用鼠标选择视频，按住鼠标左键不放，将视频拖动到时间轴上，以方便编辑视频，如图 8-53 所示。

图8-53 添加视频

步骤 02 在"项目时间轴"面板中将时间指针拖至"00:02:09"位置处，按【Ctrl+B】组合键分割视频，如图 8-54所示。

图8-54 分割视频1

步骤 03 在"项目时间轴"面板中将时间指针拖至"00:04:29"位置处，按【Ctrl+B】组合键分割视频，依次在"00:07:24""00:10:24""00:13:23""00:17:08""00:18:02""00:26:01"位置处分割视频，如图 8-55所示。

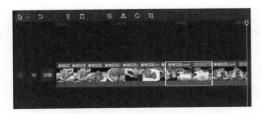

图8-55 分割视频2

步骤 04 选择第 2 段视频片段，单击"删除"按钮 ▢，删除选择的视频，也可按【Delete】键删除，此时在右上角将显示删除的信息，若需要修改可单击 修改 按钮修改视频。

步骤 05 依次选择第 3 段和第 5 段视频片段，按【Delete】键删除，如图 8-56所示。

图8-56 删除视频

步骤 06 选择第 5 段视频片段，按住鼠标左键不放，向右拖动到视频末尾处，释放鼠标完成移动操作，如图 8-57 所示。

图8-57 移动视频

步骤 07 选择第 1 段视频片段，在右上角单击"变速"选项卡，在"时长"栏中设置时长为"3.0s"，如图 8-58 所示，完成后按【Enter】键。

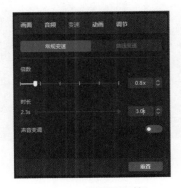

图8-58 设置视频时长

步骤 08 在"项目时间轴"面板中将时间指针拖动至起始位置处，单击"文本"选项卡，在左侧列表中选择"文字模板"选项卡，再在右侧列表中单击第 3 排第

1个字体样式，单击 按钮，下载文字，然后将文字拖动到指针处，如图8-59所示。

图8-59　选择字体样式1

步骤 09 在右侧"文本"面板中的"第1段文本"下方的文本框中输入"深山果园"文本，在"第2段文本"下方的文本框中输入"01"，如图8-60所示。

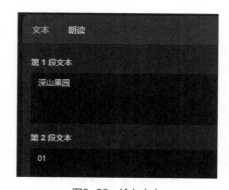

图8-60　输入文本

步骤 10 在"项目时间轴"面板中将时间指针拖动至"00:21:24"位置处，单击"文本"选项卡，在左侧列表中选择"片尾谢幕"选项卡，然后在右侧列表中单击最后一个字体样式，单击 按钮，下载文字，然后将文字拖动到指针处，如

图8-61所示。

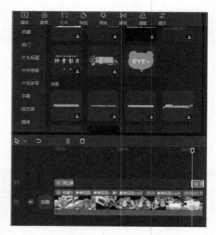

图8-61　选择字体样式2

步骤 11 在操作界面右侧单击 按钮，在打开的页面中填写作品名称，并选择导出位置后，单击 按钮完成导出操作，如图8-62所示。导出完成后，打开相应文件夹可查看保存的视频（配套资源:\效果\第8章\草莓主图视频.mp4）。

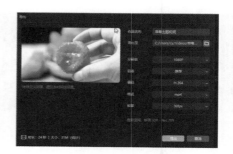

图8-62　导出视频

步骤 12 登录淘宝网，进入千牛页面，在"商品"栏右侧的列表中单击"我的宝贝"超链接。

步骤 13 进入素材中心页面，单击左侧"视频"选项卡，如图8-63所示，在右侧单击 上传 按钮。

图8-63 单击"视频"选项卡

图8-64 上传视频

步骤 14 打开"上传视频"对话框,在"上传到"下拉列表中选择"PC电脑端视频库"选项,单击 上传 按钮,如图 8-64 所示。

步骤 15 打开"打开"对话框,选择"草莓主图视频.mp4"效果文件（配套资源:\效果\第8章\草莓主图视频.mp4）,单击 打开(O) 按钮。

步骤 16 稍等片刻,即可发现视频上传成功,设置标题为"草莓主图视频",另外页面下方将显示从视频中获取的一些画面,可直接用作封面,完成后单击 确认 按钮,如图 8-65 所示。

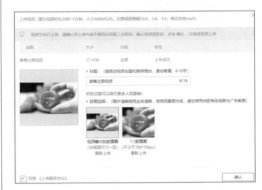

图8-65 设置标题并选择视频封面

步骤 17 上传视频后需等待审核,审核通过后便可在素材中心查看视频上传结果。

课后练习

（1）制作一个手工汤圆主图视频。先导入视频素材（配套资源:\素材\第8章\手工汤圆主图视频.mp4）,然后剪辑视频,删除多余的视频片段与原声音频,并设置视频素材的比例大小与播放速度,最后再添加转场、字幕和音频特效,参考效果如图8-66所示（配套资源:\效果\第8章手工汤圆主图视频.mp4）。

图8-66 制作手工汤圆主图视频效果

（2）制作一个服装详情页视频。先导入视频素材（配套资源:\素材\第8章\毛衣.mp4），然后剪辑视频，删除多余的视频片段与原声音频，并设置视频素材的比例与播放速度，最后再添加字幕，参考效果如图8-67所示（配套资源:\效果\第8章\毛衣详情页视频.mp4）。

图8-67　制作毛衣详情页视频效果

第 **9** 章

移动端网店视觉设计与装修

　　随着互联网的发展，更便携、更安全、更方便的移动端设备成为人们网上购物的主要平台。淘宝App、天猫App、京东App等针对移动端的购物端口迅速发展壮大，其流量已远超计算机端，因此，针对移动端进行网店视觉设计与装修也已成为网店美工必不可少的工作之一。

ⓖ 技能目标

- ● 掌握移动端网店首页设计基础知识。
- ● 掌握移动端网店首页设计的方法。
- ● 掌握移动端网店首页装修的方法。
- ● 掌握移动端详情页设计的方法。

ⓣ 素养目标

- ● 加深读者对非物质文化遗产的了解。
- ● 培养读者随机应变的能力。

案例展示

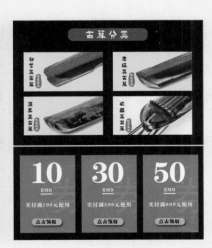

9.1 移动端网店首页设计基础

在计算机端，消费者要想访问网店首页一般是通过商品详情页跳转，或者在淘宝网首页直接搜索网店。而在移动端，消费者可以通过扫描网店的二维码、搜索网店、详情页跳转等多种方式来访问网店首页。因此，移动端网店的首页与计算机端网店的首页具有不同的客户访问特征。下面将从移动端网店首页与计算机端网店首页的不同、移动端网店首页模块的组成、移动端网店首页设计的注意事项3个方面讲解移动端网店首页设计的基础知识，为后面移动端网店首页的视觉设计奠定基础。

9.1.1 了解移动端网店首页

移动端网店首页与计算机端网店首页的区别具体体现在尺寸、布局、详情、分类和颜色5个方面。

● **尺寸对比**：移动端网店首页显示的网店页面宽度为1200像素，而计算机端网店首页显示的网店页面宽度一般为1920像素，若将计算机端网店首页的图片直接放到移动端网店首页，则容易因尺寸不适合而造成图片显示不全、界面混乱、浏览效果不佳等问题。

● **布局对比**：移动端网店首页页面更注重浏览体验，省略了边角的活动模块以及详细的广告文案，将计算机端网店首页的三栏图片展示精简为两栏展示，并通过加大字号、调整颜色等方法突出显示海报中的文案、价格等信息，使其更适合通过移动端设备来阅读。

● **详情对比**：计算机端网店首页页面会使用较多文字说明商品的卖点、促销信息、优惠信息等，而移动端网店首页页面的文字则更为精简。

● **分类对比**：移动端网店首页页面的分类模块使用了分类图标，比较简洁、清晰，而计算机端网店首页页面的分类信息更详细。移动端网店首页页面的文字明显较粗、识别性更强。

● **颜色对比**：计算机端网店首页页面的色调更深，如使用黑色背景渲染网店的个性风格；而移动端的网店首页在页面中增加了白色的空隙，以实现鲜亮颜色的自然过渡，使页面整体鲜亮而不失整洁。

9.1.2 移动端网店首页模块的组成

和计算机端网店首页一样，各电商平台也为移动端网店首页装修提供了模块，当下最主流的移动端是手机端，这里以淘宝网手机端为例来介绍移动端网店首页模块。图9-1所示为移动端网店首页的模块布局。

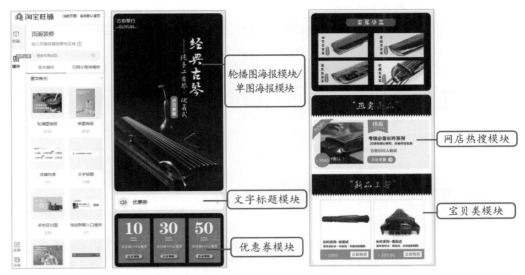

图9-1　移动端网店首页的模块布局

下面介绍常用的移动端网店首页页面模块的组成与设计要点。

● 轮播图海报模块：轮播图海报模块的宽度为1200像素，高度为600像素～2000像素，一般用于宣传网店活动、宣传商品、宣传形象等。此模块中最多可以添加4张轮播图，也可根据需要只添加一张图片。

● 单图海报模块：单图海报模块的宽度为1200像素，高度为120像素～2000像素，支持JPG和PNG格式，大小不超过2MB，一般用于展现商品、宣传形象等。

● 文字标题模块：文字标题模块主要用于区分商品类别、展示网店优势、宣传品牌理念等，最多支持20个中文字符。

● 优惠券模块：优惠券模块要重点醒目、清晰、互动性强，并具有分隔空间、活跃页面的作用。网店美工可以使用多图、左文右图等构图方式进行制作。

● 网店热搜模块：网店热搜模块主要用于展现热卖商品，既可采用单个商品展现的方式展现商品信息，也可采用多商品混排的方式展现商品信息。

● 宝贝类模块：宝贝类模块包括智能宝贝推荐、排行榜、系列主题宝贝等，用于展示网店首页的商品。网店美工在注意布局的同时应尽量将主营的宝贝全部覆盖。网店美工在展示宝贝时，应重点突出王牌宝贝、热销宝贝，如可通过色相对比吸引消费者的注意力，或添加相应元素引导消费者购买。

9.1.3　移动端网店首页设计的注意事项

受到移动端设备屏幕大小的限制，移动端网店首页能承载的信息有限，所以网店美工在设计移动端网店首页时，还需特别注意以下4个方面。

● 注重舒适性：从消费者的购物习惯出发，图片的清晰度和大小都需要适应移动端设备，应以大图为主，图片分类要清晰明确，搭配舒适的颜色，商品的细节展示要清晰、美观，能够给消费者带来舒适的感觉。

- ● **合理控制页面的长度：** 由于移动端设备体型狭长，消费者一般会按照自上而下的顺序浏览，此时页面内的信息不必太多，一般以6屏为最佳。

- ● **对页面整体内容的把握：** 要突出网店的主营宝贝与定位理念，充分考虑其互动性、趣味性、专业性与基调定位，页面内容要能够精准定位客户，并快速吸引消费者的注意力。

- ● **与计算机端的内容统一：** 移动端的内容与计算机端的内容相互呼应，具有相通的视觉符号，可以提高网店品牌的关联度。

9.2 移动端网店首页设计

设计移动端网店首页关键模块并提高其视觉效果，是增强网店首页吸引力的重要手段。在进行首页设计前，网店美工需要先划分首页，这里将首页分为海报、优惠券、商品分类和宝贝展示图4个板块。

↘ 9.2.1 海报设计

海报位于移动端首页的第一屏，其位置十分显眼，尺寸也相对较大，能承载的信息也多，因此优质的海报能够起到很好的引流效果。古韵琴行准备为纯手工古琴制作海报，在设计时直接采用古琴商品图片作为背景，并添加与古琴相关的文字，如纯手工古琴、伏羲式等，方便消费者了解古琴的详情信息，在字体选择上可选择毛笔字效果的字体，以体现古琴的韵味，具体操作如下。

微课：海报设计

步骤 01 新建大小为"1200像素×2000像素"、分辨率为"72像素/英寸"、名称为"古琴海报"的文件。打开"古琴背景.jpg"素材文件（配套资源:\素材\第9章\古琴背景.jpg），将其拖动到"古琴海报"文件中，调整其位置和大小，如图9-2所示。

步骤 02 选择"直排文字工具" **IT.**，设置字体为"方正鲁迅行书 简"，字体大小为"170点"，颜色为"白色"，输入"经典古琴"文本；设置字体大小为"80点"，颜色为"#c8c3c3"，输入"——纯手工古琴·伏羲式"文本，如图9-3所示。

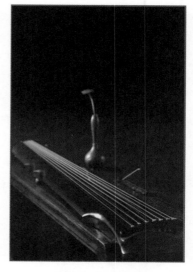

图9-2 打开背景

图9-3 输入文字1

步骤 03 双击"经典古琴"文本图层右侧的空白区域，打开"图层样式"对话框，单击选中"内阴影"复选框，设置不透明度、角度、距离、大小分别为"35%""122度""5像素""7像素"，如图9-4所示。

图9-4 设置内阴影

步骤 04 单击选中"外发光"复选框，设置不透明度、颜色、扩展、大小分别为"44%""#ac0317""5%""6像素"，单击 确定 按钮，如图9-5所示。

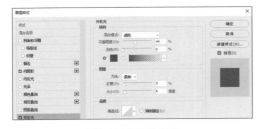

图9-5 设置外发光

步骤 05 选择"横排文字工具" T.，设置字体为"方正粗圆简体"，字体大小为"50点"，颜色为"#aaa3a3"，输入图9-6所示的文本。

图9-6 输入文字2

步骤 06 选择"圆角矩形工具" ，设置填充颜色为"#ff0000"，取消描边，设置半径为"30像素"，然后在"点击查看"文字下方绘制一个"80像素×250像素"，的圆角矩形。

步骤 07 选择"直排文字工具" IT.，设置字体为"方正粗圆简体"，字体大小为"50点"，颜色为"白色"，在圆角矩形上方输入"点击查看"文本。

步骤 08 完成本例的制作，最终效果如图9-7所示（配套资源:\效果\第9章\古琴海报.psd、古琴海报.jpg）。

图9-7 最终效果

设计素养：

古琴是我国的非物质文化遗产。非物质文化遗产是国家和民族历史文化成就的重要标志，是优秀传统文化的重要组成部分。我国的昆曲、中国古琴艺术、桑蚕丝织技艺、南音、侗族大歌、剪纸、书法等都属于非物质文化遗产。在设计与非物质文化遗产相关的页面时，网店美工可直接采用与非物质文化遗产相关的素材作为背景，这样更加能够凸显主题。

9.2.2 优惠券设计

与计算机端相比，移动端优惠券的位置更显眼，引流效果更好。网店美工在海报的下方制作优惠券，设计时以黑色为底色，以红色作为优惠券的颜色，使其更加醒目，便于消费者查看。具体操作如下。

微课：优惠券设计

步骤 01 新建大小为"1200 像素 ×600 像素"、分辨率为"72 像素／英寸"、名称为"优惠券"的文件。

步骤 02 设置前景色为"黑色"，按【Alt+Delete】组合键填充前景色。选择"矩形工具" ▢，设置填充颜色为"#e71f3a"，在左侧绘制"350 像素 ×500 像素"的矩形，如图 9-8 所示。

图9-9 绘制圆并输入文本

步骤 04 按【Ctrl+E】组合键合并圆和文本图层，在合并后的图层上单击鼠标右键，在弹出的快捷菜单中选择"创建剪贴蒙版"命令，将其裁剪到红色矩形中，并设置图层不透明度为"15%"，如图 9-10 所示。

图9-8 绘制矩形

步骤 03 选择"椭圆工具" ◯，取消填充，设置描边宽度为"3 点"，描边颜色为"白色"，按【Shift】键在矩形右侧绘制"435 像素 ×435 像素"的圆；在圆中输入"券"文本，设置字体为"黑体"，字体大小为"236 点"，颜色为"白色"，如图 9-9 所示。

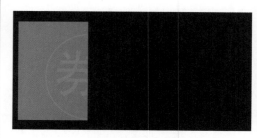

图9-10 创建剪贴蒙版并设置不透明度

步骤 05 选择"横排文字工具" Ｔ，设置字体为"方正粗宋简体"，颜色为"白色"，输入图 9-11 所示的文本，调整文本大小。

图9-11 输入文本

步骤 06 选择"圆角矩形工具"，设置半径为"10 像素"，填充颜色为"#fdc823"，在"点击领取"文本上方绘制"190 像素×45 像素"的圆角矩形，并更改文本颜色为"黑色"，如图 9-12 所示。

图9-12 绘制圆角矩形并更改文本颜色

步骤 07 双击圆角矩形所在图层右侧的空白区域，打开"图层样式"对话框，单击选中"投影"复选框，设置不透明度、距离、大小分别为"64%""9 像素""13 像素"，如图 9-13 所示，单击 确定 按钮。

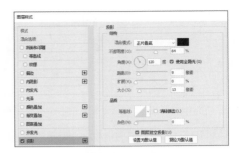

图9-13 设置投影

步骤 08 选择"矩形工具"，设置填充颜色为"白色"，在"RMB"文字下方绘制"75 像素 ×6 像素"的矩形。

步骤 09 全选优惠券内容，按【Ctrl+G】组合键将优惠券内容放置到新建的组中，按【Ctrl+J】组合键复制组，将其放置到右侧，修改金额，完成其他优惠券的制作，效果如图 9-14 所示（配套资源:\效果\第 9 章\优惠券 .psd、优惠券 .jpg）。

图9-14 制作其他优惠券

↘ 9.2.3 商品分类设计

移动端商品分类设计与计算机端的分类设计相比，文本的字体更大，分类板块也更加分明。在设计商品分类时，网店美工可继续沿用海报中的黑色作为主色，然后根据不同的用途进行分类设计，如初级类古琴、考级类古琴、演奏类古琴、收藏类古琴等，便于消费者快速查看需要的古琴，具体操作如下。

微课：商品分类设计

步骤 01 新建大小为"1200 像素 ×800 像素"、分辨率为"72 像素 / 英寸"、名称为"分类"的文件。

步骤 02 设置前景色为"黑色"，按【Alt+Delete】组合键填充前景色。选择"圆角矩形工具" □，在工具属性栏中设置填充颜色为"#ac0317"，半径为"30 像素"，在顶部绘制"500 像素 ×80 像素"的圆角矩形。

步骤 03 选择"横排文字工具" T，设置字体为"方正平和简体"，颜色为"白色"，输入"古琴分类"文本，调整文本的大小和位置，如图 9-15 所示。

图9-15　绘制圆角矩形并输入文本

步骤 04 选择"矩形工具" □，设置填充颜色为"白色"，在圆角矩形的下方绘制 4 个"500 像素 ×250 像素"的矩形，如图 9-16 所示。

图9-16　绘制矩形

步骤 05 打开"古琴 1.png~ 古琴 4.png、印章 .png"素材文件（配套资源:\ 素材 \ 第 9 章 \ 古琴 1.png~ 古琴 4.png、印章 .png），将古琴素材依次拖动到绘制的矩形上方，调整其大小和位置，然后创建剪贴蒙版；

再复制多个印章素材，调整其大小和位置，效果如图 9-17 所示。

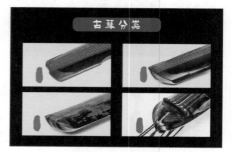

图9-17　添加素材

步骤 06 选择"直排文字工具" IT，设置字体为"方正平和简体"，字体大小为"36 点"，颜色为"黑色"，在矩形左侧相关文本；设置字体大小为"20 点"，颜色为"白色"，在印章中输入"传承古法"文本，完成制作，效果如图 9-18 所示（配套资源:\ 效果 \ 第 9 章 \ 分类 .psd、分类 .jpg）。

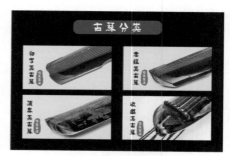

图9-18　输入文本

经验之谈：

移动端页面比计算机端页面的宽度小，因此文字内容要尽量精简，然后搭配图片做对应的展示。

9.2.4 宝贝展示设计

为了便于消费者清晰地浏览宝贝信息，移动端的宝贝展示图一般分为一行展示图和两行展示图。网店美工要在分类板块的下方继续制作宝贝展示板块，可将整个设计分为热卖商品、新品上架两个部分，具体操作如下。

步骤 01 新建大小为"1200 像素 ×1740 像素"、分辨率为"72 像素 / 英寸"、名称为"宝贝展示"的文件。选择"矩形工具" □，设置填充颜色为"黑色"，并在页面顶部绘制"1200 像素 ×225 像素"的矩形，如图 9-19 所示。

图9-19　绘制矩形

步骤 02 在绘制的矩形下边缘处输入"▲"符号，设置字体为"方正兰亭黑简体"，字体大小为"35.2 点"，颜色为"#ffffff"，字距为"-300"，将"▲"符号连接在一起，形成锯齿效果，如图 9-20 所示。

图9-20　输入"▲"符号

步骤 03 选择"直线工具" ⁄，设置描边宽度为"1 点"，描边颜色为"白色"，并在左侧绘制一条竖线，如图 9-21 所示。然后在直线图层上单击鼠标右键，在弹出的快捷菜单中选择"栅格化图层"命令，栅格化直线。

图9-21　绘制直线

步骤 04 选择直线图层，按住【Alt】键复制并移动直线，直至其排列到页面右边缘，效果如图 9-22 所示。

图9-22　复制并移动直线后的效果

步骤 05 选择所有直线图层，按【Ctrl+E】组合键将其合并；按【Ctrl+T】组合键调整其大小，然后单击鼠标右键，在弹出的快捷菜单中选择"斜切"命令，拖动左下角和右上角的控制点，倾斜直线。变换直线如图 9-23 所示。

图9-23　变换直线

步骤 06 设置直线的不透明度为"25%"。选择"横排文字工具" T，设置字体为"方正鲁迅行书 简"，字体大小为"96 点"，颜色为"#ffffff"，输入"'热卖商品"文本，将"商品"和后面引号的颜色更改为"#ff0000"，如图9-24所示。

图9-24　输入文本1

步骤 07 选择"矩形工具" ，设置填充颜色为"#f7f5f4"，在下方绘制"1160像素×505像素"的矩形。

步骤 08 打开"古琴5.png"素材文件（配套资源:\素材\第9章\古琴5.png），将素材拖动到矩形左侧，调整其大小和位置，效果如图9-25所示。

图9-25　添加素材

步骤 09 选择"钢笔工具"，设置工具模式为"形状"，填充颜色为"#ff0000"，然后分别绘制标签图形，效果如图9-26所示。

步骤 10 选择"圆角矩形工具"，在工具属性栏中设置填充颜色为

"#ff0000"，半径为"30像素"，然后在矩形下方绘制"285像素×75像素"的圆角矩形。

图9-26　绘制标签图形

步骤 11 选择"椭圆工具"，在工具属性栏中设置填充颜色为"#ff0000"，在左侧绘制"150像素×150像素"的正圆。再设置填充颜色为"白色"，在圆角矩形的上方绘制"46像素×46像素"的正圆，如图9-27所示。

图9-27　绘制正圆

步骤 12 选择"横排文字工具"，设置字体为"方正兰亭粗黑简体"，颜色为"白色"，输入"精品""★★★★★""点击查看""¥3980"文本；输入"已有699人购买"">"文本，更改文本颜色为"#ff0000"；输入其他文字，更改文本颜色为"黑色"，然后调整文字的大小和位置，效果如图9-28所示。

图9-28 输入文本2

步骤 13 为"热卖商品"页头部分创建并复制组,然后向下移动复制组,制作"新品上架"页头,如图9-29所示。

图9-29 制作"新品上架"页头

步骤 14 选择"矩形工具" ▢ ,取消填充,设置描边宽度为"1.6点",描边颜色为"#b5b5b5",再绘制"507像素×610像素"的矩形框。

步骤 15 打开"古琴6.png"素材文件(配套资源:\素材\第9章\古琴6.png),将其拖动到矩形框中,调整素材的位置和大小。选择"矩形工具" ▢ ,设置填充颜色为"#ff0000",在下方绘制"507像素×102像素"的矩形;再设置填充颜色为"白色",在矩形右侧绘制"182像素×60像素"的矩形,如图9-30所示。

图9-30 添加素材并绘制形状

步骤 16 选择"横排文字工具" T ,设置字体为"方正兰亭粗黑简体",输入古琴相关文本,设置"¥5980"文本的颜色为"白色",设置"立即购买"文本的颜色为"#ff456b",设置商品介绍文本的颜色为"黑色",调整文字的大小和位置,如图9-31所示。

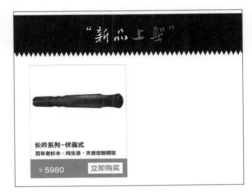

图9-31 输入文本3

步骤 17 将矩形框内的所有图层合并为一个组,然后复制组,将复制的组向右移动,修改其中的文本与商品(配套资源:\素材\第9章\古琴7.png),以制作古琴展示图,如图9-32所示。完成后保存宝贝展示图(配套资源:\效果\第9章\宝贝展示.psd、宝贝展示.jpg)。

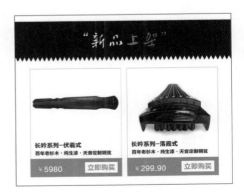

图9-32 完成后的效果

9.3 移动端网店首页装修

移动端网店首页装修与计算机端网店首页装修的差别不大，同样是先选择、编辑模块，然后根据模块要求上传对应尺寸的图片，最后适当调整优化。另外，网店美工也可以套用模板来提高工作效率。

↘ 9.3.1 模块装修

网店美工在使用模块装修网店时，需要先进入装修页面，选择并添加需要的模块，然后在模块右侧的面板上编辑图片、文本、视频、链接地址等信息。古韵琴行的移动端网店首页设计完成后，需要进行装修，具体操作如下。

微课：模块装修

步骤 01 登录淘宝网，进入千牛页面，在左侧列表中单击"店铺"选项卡，在右侧列表的"店铺装修"下拉列表中单击"手机店铺装修"超链接，打开手机装修页面，在首页栏中单击"装修页面"超链接，如图9-33所示。

图9-33 单击"装修页面"超链接

步骤 02 打开装修页面，在"容器"选项卡中选择"单图海报"，按住鼠标左键不放，向右拖动到网店名称下方，添加模块，如图9-34所示。

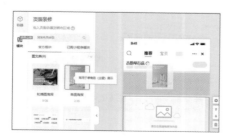

图9-34 添加单图海报模块

步骤 03 在右侧面板中的"模块名称"文本框中输入"古典古琴"文本，再在"上传图片"栏中单击 上传图片 按钮，如图9-35所示。

图9-35 单击"上传图片"按钮

步骤 04 打开"选择图片"对话框，单击 上传图片 按钮，在打开的对话框中单击 上传 按钮，打开"打开"对话框，选择相应图片（配套资源:\效果\第9章\宝贝展示.jpg、分类.jpg、古琴海报.jpg、优惠券.jpg），然后单击 打开(O) 按钮。

步骤 05 返回"选择图片"对话框，选中"古琴海报"前的单选项，如图9-36所示，然后单击 确认 按钮。

图9-36　选择图片

步骤 06 打开"选择图片"对话框，在右侧设置裁剪尺寸的高为"2000"，接着单击 保存 按钮，如图9-37所示。

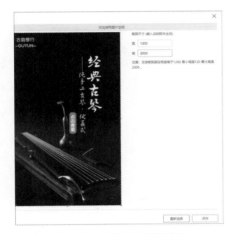

图9-37　设置图片裁剪区域

步骤 07 返回页面，在右侧面板中的"跳转链接"栏下的文本框中输入商品的地址，这里的地址可在商品发布页面中复制对应的链接获取，如图9-38所示，最后单击 保存 按钮保存设置。

图9-38　输入跳转链接

步骤 08 在"容器"选项卡中选择"多

热区切图"，再按住鼠标左键不放，向右拖动到海报下方，添加模块。

步骤 09 在右侧面板中的"模块名称"文本框中输入"优惠券"文本，然后在"上传图片"栏中单击 上传图片 按钮，在打开的对话框中选择"优惠券"图片，依次单击 确认 按钮和 保存 按钮，完成图片的添加，然后单击 添加热区 按钮，如图9-39所示。

图9-39　添加优惠券图片

步骤 10 打开"添加热区"对话框，选择左侧蓝色的矩形框，将其放于优惠券上，并调整矩形框的大小，然后在右侧输入优惠券链接，再单击 添加热区 按钮，添加热区，再使用相同的方法输入其他优惠券的链接，完成后单击 完成 按钮，如图9-40所示。

图9-40　添加热区

步骤 11 返回面板，单击 保存 按钮，使用相同的方法，制作分类、宝贝展示模块，并添加链接，完成后单击 预览 按钮可预览效果，最后单击 发布∨ 按钮，发布首页。

9.3.2　一键智能装修

利用"一键智能装修"功能可以快速完成网店的装修，并能在一定程度上保证页面的美观，这是网店美工完成网店装修工作的重要工具。网店美工可以在"手机店铺装修"页面中单击 一键智能装修 按钮。稍等片刻后系统将根据已经上传的商品图片自动制作成不同的装修页面。这时选择任意一个生成的模块，单击 下一步 按钮，可自动进入装修页面，并显示选择的模板效果，但这些模板大多都需要付费购买，网店美工购买并套用模板后，编辑模块信息即可快速完成装修，如图9-41所示。

图9-41　一键智能装修

9.4　移动端详情页的设计

移动端详情页的质量对商品的销售有着至关重要的影响。在制作移动端详情页前，网店美工需要先了解移动端详情页的特征和设计要点，然后再进行设计。

9.4.1　移动端详情页的特征

由于移动端与计算机端的差异以及移动端网上购物的特点，移动端详情页总体上呈现以下4个特征。

- 卖点更加精练：移动端详情页的内容可以参照计算机端的详情页的内容，但是移动端更加注重在最短的时间内，尽可能将消费者的购买欲望激发到最大，因此移动端详情页内的卖点应该更加精练。
- 场景更加丰富：由于移动端的消费者可以在多种场景内进行购物，如车上、床上等。因此，在移动端详情页中添加多种使用场景可以使其更加贴近生活，加深消费者对商品的了解。

● 页面切换不便：消费者在浏览计算机端详情页时可以很方便地通过页面中的文字或按钮切换页面，而使用移动端切换详情页面时不是很方便，因此移动端详情页中的图片以及图片上的引导文字一定要清晰并且具有吸引力，能够快速吸引消费者的注意力并刺激其产生购买行为。

● 页面文件的容量更小：在计算机端浏览页面平均需要消耗9MB流量，因此，若直接将计算机端详情页转化为移动端详情页，将导致页面加载缓慢，耗费更多的流量。所以，移动端详情页的页面文件的容量应更小。

9.4.2　移动端详情页的设计要点

网店美工在设计移动端详情页时，需要注意以下3大要点。

● 图片设计要点：图片的体积不能太大，否则容易出现加载缓慢的问题，影响消费者的购物体验，网店美工应在保证图片清晰的同时压缩图片；细节图不能太小，尽量保证清晰，让消费者能够看见细节详情，产生购买欲望。

● 文字设计要点：图片文字、商品信息和商品描述文字都不能太小，否则容易导致信息获取不准确。

● 商品设计要点：想要重点突出商品，就要合理控制页面展示的信息量，省略一些无关紧要的内容，提高消费者的购物体验。

9.4.3　移动端详情页设计

微课：移动端详情页设计

使用模板进行装修不仅省时省力，而且可以保证页面整体风格一致，得到较好的装修效果。在使用模块制作详情页时，网店美工需要先编辑模块，如替换模块的图片、更改文本、添加模块等，然后将制作好的内容发布到详情页中，具体操作如下。

步骤 01 登录淘宝网，进入千牛页面，在左侧列表中单击"商店"选项卡，选择"商品装修"选项，然后在右侧单击 编辑图文详情 按钮，如图9-42所示。

图9-42　单击"编辑图文详情"按钮

步骤 02 打开装修页面，在左侧单击"装修"选项卡，再在展开的列表中选择"行业模块"选项，在下方的列表中的"颜业模块"选项，在下方的列表中的"颜

色款式"项中选择第1排第2个模板样式，此时将在右侧的装修页面中显示选择的样式，如图9-43所示。

图9-43　选择模板

步骤 03 选择第一张图片，在弹出的浮动框中单击"替换图片"按钮 ⚙，如图9-44所示。

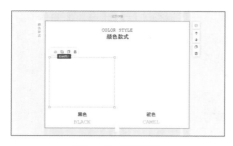

图9-44　替换图片

步骤 04 打开"选择图片"对话框，选择需要制作为详情页的图片，单击 确认 按钮，如图9-45所示。

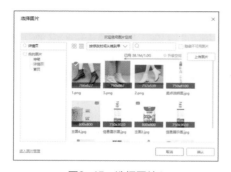

图9-45　选择图片1

步骤 05 使用相同的方法替换其他图片，单击文字，分别将文字修改为"黑色""白色"文字,使用相同的方法修改英文文字，如图9-46所示。

图9-46　修改文字

步骤 06 在装修页面左侧单击"装修"选项卡,在展开的列表中选择"基础模块"选项，单击"文字"选项卡，在下方的列表中选择第2种样式，添加文字模块，

然后修改文字，如图9-47所示。

图9-47　添加文字模块

步骤 07 在装修页面左侧单击"装修"选项卡,在展开的列表中选择"基础模块"选项，单击"图片"选项卡，然后在下方的列表中选择第3个样式，添加图片样式，打开"选择图片"对话框，选择女鞋图片，如图9-48所示，最后单击 确认 按钮。

图9-48　选择图片2

步骤 08 使用相同的方法添加其他图片，完成后单击 发布 按钮，发布详情页，打开"发布详情页"对话框,单击 确认 按钮，发布后的效果如图9-49所示。

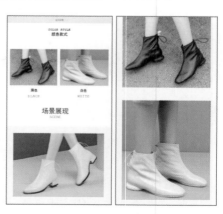

图9-49　发布后的效果

9.5 实战演练——制作家具网店移动端首页

某家具网店准备为新上新的家具制作移动端首页。根据提供的素材发现本次需要上新的商品多为简约的沙发，因此网店美工可根据沙发简约的特点进行设计，将整个首页分为首焦海报与优惠券、宝贝展示3个部分，并结合不同层次的灰色丰富页面，使各个板块的结构划分更清晰。装修后的移动端首页效果如图9-50所示。

图9-50 移动端家具装修后的首页效果

1. 设计思路

制作家具网店移动端首页的设计思路如下。

（1）首页风格分析。分析网店的风格，选择合适的字体与色彩，再分析移动端的内容，规划符合移动端需求的商品展示方式。

（2）规划各个页面高度。规划首焦海报与优惠券的展示高度。

（3）制作首页。通过添加素材、绘制图形、输入文本来布局版面。

2. 知识要点

制作家具网店移动端首页需要掌握以下知识。

（1）网店美工必备的视觉营销知识。色彩搭配、图形元素的应用、文本外观设计，以及三者之间的组合搭配等。

（2）掌握添加素材、绘制图形、输入与编辑文本等操作。

微课：制作移动端家具首页

3．操作步骤

制作家具网店移动端首页的具体操作如下。

步骤 01 新建大小为"1200 像素 ×3570 像素"、分辨率为"72 像素 / 英寸"、名称为"家具网店移动端首页"的文件。

步骤 02 选择"矩形工具"□，在工具属性栏中设置填充颜色为"白色"，描边颜色为"黑色"，描边宽度为"35.2 点"，高度为"700 像素"，在页面顶端绘制矩形。

步骤 03 打开"沙发 1.jpg"素材文件（配套资源 :\ 素材 \ 第 9 章 \ 沙发 1.jpg），将其拖动至矩形中，创建剪贴蒙版，如图 9-51 所示。

图9-51　创建剪贴蒙版

步骤 04 选择"横排文字工具"T，在工具属性栏中设置颜色为"#444547"，并输入文本（配套资源 :\ 素材 \ 第 9 章 \ 文本素材 .txt）。

步骤 05 设置"全场八折起"的字体为"方正兰亭刊黑 _GBK"，设置其他文字的字体为"方正黑体 _GBK"，完成后调整文本的大小和位置，如图 9-52 所示，完成海报的制作。

步骤 06 选择"矩形工具"□，设置填充颜色为"#f7f7f7"，并在"每周新品"板块下方绘制"1200 像素 ×300 像素"的矩形；继续在左侧绘制"300 像素 ×265

像素"的白色矩形，并为其添加投影，如图 9-53 所示。

图9-52　调整文字大小和位置

图9-53　绘制矩形并添加投影

步骤 07 打开"手图标 .jpg"素材文件（配套资源 :\ 素材 \ 第 9 章 \ 手图标 .jpg），将其拖动到白色矩形中，调整图片的位置和大小。在下方输入"领取优惠券 >"文本，设置字体为"方正兰亭中黑 _GBK、下画线"，字体大小为"24 点"，颜色为"#454648"，如图 9-54 所示。

图9-54　输入文本1

步骤 08 继续在右侧绘制一个颜色为"#eeeeee"，大小为"820 像素 ×300 像素"的矩形。选择"横排文字工具"T，在工具属性栏中设置字体为"方正粗活意简体"，颜色为"#454648"，输入图 9-55 所示的文本，然后修改"满 188 元可用"

文本的字体为"方正兰亭超细黑简体"，修改"¥""20"文本的字体为"方正粗活意简体"，并调整文本的大小和位置。

步骤 09 选择"椭圆工具" ⬭，在工具属性栏中设置填充颜色为"#454648"，按【Shift】键在优惠券文本下方绘制"30像素×30像素"的正圆。

步骤 10 选择"横排文字工具" T，设置字体为"方正兰亭超细黑简体"，颜色为"白色"，并在圆上输入">"文本，调整字体的大小和位置；按【Ctrl+T】组合键打开变换框，将其旋转90°，然后按【Enter】键完成操作，如图9-56所示。

图9-55　输入文本2　图9-56　输入"V"文本

步骤 11 将 STEP 08 ～ STEP 10 的图层合为一组，然后复制组，修改优惠券的金额，并制作其他优惠券，如图9-57所示，完成优惠券的制作。

图9-57　制作其他优惠券

步骤 12 在优惠券下方左侧输入文本（配套资源:\ 素材 \ 第9章 \ 文本素材1.txt），设置英文字体为"Myriad Pro"，中文字体为"方正兰亭刊黑_GBK"，并调整文本的大小。

步骤 13 在"点击了解 >"文本的下方绘制填充颜色为"#454648"、大小为"293像素×67像素"的矩形，更改文本颜色为"白色"，并为前三行的文本添加下画线。

步骤 14 在右侧绘制"720像素×720像素"的矩形。打开"沙发2.jpg"素材文件（配套资源:\ 素材 \ 第9章 \ 沙发2.jpg），将其拖动至矩形上方，调整其大小和位置，创建剪贴蒙版，完成展示图的制作，如图9-58所示。

图9-58　添加素材并创建剪贴蒙版后的效果

步骤 15 使用步骤12 ～ 步骤14的方法制作另一张展示图，并添加"沙发3.jpg"素材文件（配套资源:\ 素材 \ 第9章 \ 沙发3.jpg），完成后的效果如图9-59所示。

图9-59　制作其他商品的展示图

步骤 16 选择"矩形工具" ▭，设置填充颜色为"#f4f4f4"，并绘制"1200像素×1220像素"的矩形。

步骤 17 选择"横排文字工具" T，设置英文字体为"Accidental Presidency"，中文字体为"方正兰亭刊黑_GBK"，在灰色背景上方输入图9-60所示的文本，调整文本的大小，为下方文本添加下画线，如图9-60所示。

THE NEW SOFA
沙发新品推荐

图9-60　输入文本的效果

步骤 18 选择"矩形工具" ▢，在文本下方绘制 4 个矩形，2 个"550 像素 ×850 像素"的白色矩形作为商品的放置板块，2 个颜色为"#454648"、大小为"515 像素 × 515 像素"的矩形，用于裁剪图片。

步骤 19 打开"沙发 4.jpg""沙发 5.jpg"素材文件（配套资源：\ 素材 \ 第 9 章 \ 沙发 4.jpg、沙发 5.jpg），分别将素材拖动到矩形上方，创建剪贴蒙版，如图 9-61 所示。

图9-61　添加并裁剪商品图片

步骤 20 在商品图片下方输入文本（配套资源：\ 素材 \ 第 9 章 \ 文本素材 2.txt），设置字体为"方正兰亭刊黑 _GBK"，调整字体大小。在"点击查看 >"文本下方绘制填充颜色为"#454648"的矩形，更改文本颜色为"白色"，为第一排文本添加下画线。完成后为该步的文本创建组并复制组到右侧的图片下方，修改文本，以完成双列宝贝展示模块的制作，如图 9-62 所示。最后完成本例的制作（配套资源：\ 效果 \ 第 9 章 \ 家具网店移动端首页 .psd）。

图9-62　双列宝贝展示效果

课后练习

（1）利用收集的素材（配套资源：\素材\第9章\零食.psd）制作零食网店移动端首页。我们主要采用红色作为网店的主色，分别对网店的海报、优惠券、分类展示、商品展示进行视觉设计。制作完成的效果如图9-63所示（配套资源：\效果\第9章\零食店铺移动端首页.psd）。

（2）使用提供的素材（配套资源：\素材\第9章\草莓素材\），在装修页面中制作商品详情页，参考效果如图9-64所示。

图9-63　制作完成的零食网店移动端首页的效果

图9-64　制作完成的详情页效果

第 **10** 章

综合案例——厨房用具网店视觉设计

前面的章节以单个知识点的形式讲解了网店美工的各项工作，以及具体的设计方法，本章将整合前面所学知识，通过厨房用具网店视觉设计的案例来讲解Photoshop在网店美工视觉设计中的具体应用。

⌖ 技能目标

- 掌握美化厨房用具商品图片的方法。
- 掌握设计厨房用具网店首页的方法。
- 掌握设计厨房用具网店商品详情页的方法。
- 掌握设计厨房用具网店推广图的方法。

⌖ 素养目标

- 提升读者对网店视觉设计需求的分析能力。
- 提升读者对网店视觉设计的实际应用能力与操作能力。

案例展示

10.1　处理厨房用具商品图片

艾维厨房用具网店是一家专注厨房健康、提倡节能环保的厨房用具网店。随着春季家装节的到来，艾维厨房用具网店计划上新一款铁锅和一套套装锅具，并准备将这两件商品分别展现在店招和海报中，现需处理铁锅和套装锅具的商品图片，方便后期制作时使用。

10.1.1　案例分析

根据提供的素材，先进行案例分析。

● **处理铁锅商品图片**：打开拍摄的铁锅商品图片，如图10-1所示，可发现商品图片呈现白底效果，若运用到海报中将显得单调，而店招主要用于宣传新品，不需要过多背景，此时可抠取铁锅商品图片并删除背景，方便网店美工在制作店招时调用，参考效果如图10-2所示。

图10-1　铁锅商品图片素材　　　　图10-2　铁锅商品图片处理后的效果参考

● **处理套装锅具商品图片**：查看拍摄的套装锅具商品图片，如图10-3所示，可发现商品图片存在颜色过暗、偏色、主体对比不够明显等问题，因此需要先修饰该商品图片，恢复商品本身的颜色。网店美工可使用"亮度/对比度""曲线"和"色彩平衡"等命令，调整商品图片的颜色，参考效果如图10-4所示。

图10-3　套装锅具商品图片素材　　　　图10-4　套装锅具商品图片处理后的效果参考

10.1.2　设计实施

根据案例分析的思路，分别进行抠取铁锅商品图片和调整套装锅具色调的操作。

微课：抠取铁锅商品图片

1.　抠取铁锅商品图片

下面抠取铁锅商品图片，具体操作如下。

步骤 01 打开"铁锅.jpg"素材文件（配套资源:\素材\第10章\铁锅.jpg），选 | 择"钢笔工具" ，在工具属性栏中设置工具模式为"路径"，并在铁锅周围单

击并拖动鼠标创建路径，效果如图10-5所示。

图10-5 绘制路径

步骤 02 当起点与终点完全重合时，完成路径的创建，如图10-6所示。

图10-6 完成路径的创建

步骤 03 按【Ctrl+Enter】组合键将路径转化为选区，并再按【Shift+F6】组合键，在打开的"羽化选区"对话框中设置羽

化半径为"1像素"，单击 确定 按钮，如图10-7所示。

图10-7 设置羽化半径

步骤 04 按【Ctrl+J】组合键复制选区，隐藏背景图层，可查看抠取后的效果，保存图像，方便后期被调用，如图10-8所示（配套资源:\效果\第10章\铁锅.psd）。

图10-8 查看完成后的效果

2. 调整套装锅具色调

调整套装锅具色调，主要使用"亮度/对比度""曲线"和"色彩平衡"等命令来完成，具体操作如下。

微课：调整套装锅具色调

步骤 01 打开"套装锅具.jpg"素材文件（配套资源:\素材\第10章\套装锅具.jpg），按【Ctrl+J】组合键复制图层，如图10-9所示。

图10-9 复制图层

步骤 02 选择【图像】/【调整】/【亮度/对比度】命令，打开"亮度/对比度"对话框，设置亮度为"30"，对比度为"10"，单击 确定 按钮，如图10-10所示。

图10-10 设置亮度/对比度

步骤 03 选择【图像】/【调整】/【曲线】命令，打开"曲线"对话框，在曲线中段单击并向上拖动，调整图像亮度，单击 确定 按钮，如图10-11所示。

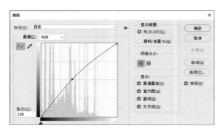

图10-11　调整曲线

步骤 04 选择【图像】/【调整】/【色彩平衡】命令，设置色阶值为"−28""−4""0"，如图10-12所示。

步骤 05 单击选中"阴影"单选项，设置色阶值为"−10""−5""0"，单击 确定 按钮，如图10-13所示。

步骤 06 完成后保存图像，最终效果如

图10-14所示（配套资源:\ 效果 \ 第10章 \ 套装锅具 .psd）。

图10-12　设置色彩平衡——中间调

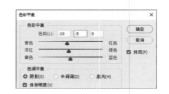

图10-13　设置色彩平衡——阴影

图10-14　最终效果

10.2　设计厨房用具网店首页

随着家装节的到来，艾维厨房用具网店准备借助家装节达到促销和引流的目的，但要想体现活动内容，就需要重新设计首页。其要求设计好的网店首页能体现活动信息，并展现热销商品和新品，以提高网店的销量。

10.2.1　案例分析

厨房用具网店首页的分析如下。

● 风格的定位：套装锅具的主色为墨绿色，为了使整个首页的色调更加统一，在色彩选择上可直接以墨绿色为主色，在风格选择上则以简约风格为主，通过简单的图文搭配来体现网店内容。

● 页面的布局：根据内容的展现顺序，可以将首页分为店招与导航条、海报、优惠券、商品推荐4个部分。设计店招与导航条时，在店招中体现品牌信息、上新商品、热卖商品和优惠信息，以吸引消费者。设计海报时，可使用整套厨具的商品图片作为背景，以吸引消费者对整套厨具产生兴趣，在设计时可采用图文结合的方式，通过宣传文字与商品图片来表达海报主题。设计优惠券时，可将其分为2个部分：一是家装节优惠攻略的优惠信息；二是新品特惠/充值折上折，用于体现折扣信息。设计商品推荐时，网店美工可交叉使用左图右文和左文右图的方式进行展现，使其更具设计性和美观性。

完成后的首页参考效果如图10-15所示。

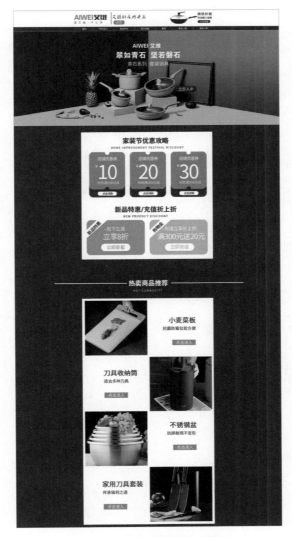

图10-15 完成后的首页参考效果

10.2.2 设计实施

根据案例分析的思路，依次对首页的店招与导航条、海报、优惠券、商品推荐4个部分进行设计。

1．设计店招与导航条

下面设计店招与导航条，展示网店的店标、网店名称及新品信息等内容，具体操作如下。

微课：设计店招与导航

步骤 01 新建大小为"1920 像素 ×150 像素"、分辨率为"72 像素／英寸"、名称为"厨房用具店铺首页"的文件。

步骤 02 在左右两侧 485 像素处添加参考线，选择"横排文字工具" T，设置字体为"方正大黑简体"，颜色为"#fe0000"，输入"AIWEI"文本；修改字体为"方正粗谭黑简体"，颜色为"#24373d"，输入"艾维"文本；修改字体为"思源黑体 CN"，颜色为"#24373d"，输入"因艾维·"文本；修改颜色为"#fe0000"，输入"所以爱"文本，调整各个文本的大小和位置，完成 Logo 的制作，如图 10-16 所示。

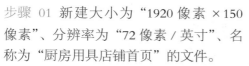

图10-16 输入Logo文本

步骤 03 选择"直线工具" /，在工具属性栏中设置填充颜色为"#24373d"，在文字右侧绘制"2 像素 ×90 像素"的竖线。

步骤 04 选择"横排文字工具" T，设置字体为"方正鲁迅行书 简"，颜色为"#24373d"，输入"艾维厨房用具店"文本，并调整文本的大小和位置。

步骤 05 选择"圆角矩形工具" ▢，设置半径为"30 像素"，填充颜色为"#ff0000"，并绘制"80 像素 ×30 像素"的圆角矩形。

步骤 06 选择"横排文字工具" T，设置字体为"方正粗圆简体"，颜色为"白色"，输入"关注"文本，并调整文本的

大小和位置，如图 10-17 所示。

图10-17 输入文本1

步骤 07 打开"铁锅 .psd"素材文件（配套资源 :\ 效果 \ 第 10 章 \ 铁锅 .psd），将抠取后的铁锅拖动到店招右侧，调整其大小和位置。

步骤 08 选择"横排文字工具" T，设置字体为"思源黑体 CN"，颜色为"#24373d"，并输入图 10-18 所示的文本，调整其大小和位置。

图10-18 输入文本2

步骤 09 选择"圆角矩形工具" ▢，设置半径为"30 像素"，填充颜色为"#24373d"，绘制"90 像素 ×20 像素"的圆角矩形。

步骤 10 选择"横排文字工具" T，设置字体为"思源黑体 CN"，颜色为"白色"，并输入"点击查看"文本，调整文字的大小和位置，如图 10-19 所示。

图10-19 输入文本3

步骤 11 选择"矩形工具" ▢，设置填充颜色为"#24373d"，绘制"1920 像素

×30 像素"的矩形，作为导航条。

步骤 12 选择"横排文字工具" **T** ，在工具属性栏中设置字体为"思源黑体 CN"，

字体大小为"15 点"，颜色为"白色"，并在导航条上依次输入图 10-20 所示的文本，完成店招与导航条的制作。

图10-20 输入导航文本

微课：设计海报

2. 设计海报

下面设计海报，以整套厨具商品图片作为背景，并结合图片和文字的展示，体现商品卖点，具体操作如下。

步骤 01 选择【图像】/【画布大小】命令，打开"画布大小"对话框，设置高度为"650"，定位为"向下"，然后单击 确定 按钮。

步骤 02 打开"套装锅具.psd"素材文件（配套资源:\效果\第 10 章\套装锅具.psd），将调整后的锅具拖动到店招下方，调整其大小和位置，如图 10-21 所示。

图10-21 添加素材

步骤 03 选择"横排文字工具" **T** ，设置字体为"方正大黑简体"，颜色为"白

色"，输入图 10-22 所示的文本;选择"青石系列·套装锅具""立即入手"文字，修改字体为"方正粗黑简体"，然后调整字体的大小和位置。

图10-22 输入文本

步骤 04 选择"圆角矩形工具" **□** ，设置半径为"30 像素"，填充颜色为"#24373d"，在"立即入手"文字下方绘制"156 像素×45 像素"的圆角矩形，完成海报的制作，如图 10-23 所示。

图10-23 查看完成后的效果

3．设计优惠券

下面设计优惠券，体现优惠信息，具体操作如下。

步骤 01 选择【图像】/【画布大小】命令，打开"画布大小"对话框，设置高度为"1900"，定位为"向下"，然后单击 确定 按钮。

步骤 02 选择"矩形工具" ▢，设置填充颜色为"#24373d"，并绘制"1920像素 ×1050 像素"的矩形。再在矩形中沿着参考线绘制填充颜色为"白色"、大小为"950 像素 ×950 像素"的矩形。

步骤 03 选择"圆角矩形工具" ▢，设置圆角矩形半径为"30 像素"，设置填充颜色为"#253a3fa"，并绘制"260 像素 ×340 像素"的圆角矩形，再在圆角矩形的上方绘制填充颜色为"#e35966"、大小为"260 像素 ×280 像素"的圆角矩形，如图 10-24 所示。

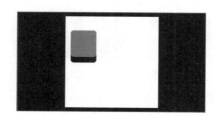

图10-24 绘制圆角矩形

步骤 04 选择"椭圆工具" ▢，设置填充颜色为"白色"，并在圆角矩形的上方绘制"30 像素 ×30 像素"的正圆，将其复制到圆角矩形的下方，并修改填充颜色为"#253a3f"，如图 10-25 所示。

步骤 05 选择"横排文字工具" T，设置字体为"方正粗黑简体"，颜色为"#24373d"，输入"家装节优惠攻略""新品特惠 / 充值折上折"文本，调整文字的大小和位置。

步骤 06 使用相同的方法输入其他文字，并设置字体为"思源黑体 CN"，调整文字的大小、位置和颜色，如图 10-26 所示。

图10-25 绘制圆　　图10-26 输入文字

步骤 07 在"点击领取"下方绘制颜色为"白色"、大小为"140 像素 ×30 像素"的圆角矩形，并将文字颜色修改为"#253a3f"。

步骤 08 选择优惠券内容，按住【Alt】键不放，向右拖动复制优惠券，然后修改优惠券内容，如图 10-27 所示。

图10-27 复制并修改优惠券

步骤 09 选择"圆角矩形工具" ▢，设置半径为"30 像素"，填充颜色为"#449ffc"，并绘制"420 像素 ×260 像素"的圆角矩形，如图 10-28 所示。

图10-28 绘制圆角矩形

步骤 10 新建图层，选择"多边形套索工具" ，在圆角矩形的左侧绘制图 10-29 所示的形状。

图10-29　绘制形状

步骤 11 选择"横排文字工具" T，设置字体为"思源黑体 CN"，颜色为"白色"，输入相关优惠文字，然后将"新品特惠"文字倾斜显示并修改文字颜色为"黑色"，以及修改"立即查看"文字颜色为"#449ffc"。

步骤 12 在"立即查看"下方绘制颜色为"白色"、大小为"212 像素 ×55 像素"的圆角矩形，如图 10-30 所示。

步骤 13 选择新品特惠部分所有内容，按住【Alt】键不放，向右拖动复制内容，

4．设计商品推荐

下面设计商品推荐，展示店铺中的商品，具体操作如下。

步骤 01 选择【图像】/【画布大小】命令，打开"画布大小"对话框，设置高度为"3900"，定位为"向下"，然后单击 确定 按钮。

步骤 02 选择优惠券下方的绿色矩形，按【Ctrl+T】组合键打开变换框，将矩形放大到与画板画布一样的大小。

步骤 03 选择"横排文字工具" T，设置字体为"方正粗黑简体"，颜色为"白色"，输入图 10-32 所示的文字，调整文

然后修改其中的信息，并修改圆角矩形的填充颜色和"立即充值"文字颜色为"#a1cab8"，完成优惠券的制作，效果如图 10-31 所示。

图10-30　绘制圆角矩形

图10-31　查看优惠券效果

字的大小和位置，并修改下方英文字体为"思源黑体 CN"。

图10-32　输入标题文字

步骤 04 选择"矩形工具" □，设置填充颜色为"白色"，并在中间区域绘制"950像素 ×1660 像素"的矩形。再在矩形中绘制 4 个填充颜色为"#449ffc"、大小为"450 像素 ×400 像素"的矩形，并调整矩形的位置。

步骤 05 打开"商品推荐 1.png~ 商品推荐 4.png"素材文件（配套资源 :\ 素材 \ 第 10 章 \ 商品推荐 1.png~ 商品推荐 4.png），将素材依次拖动到矩形图层上方，调整其大小和位置，创建剪贴蒙版，如图 10-33 所示。

图10-33　添加素材并创建剪贴蒙版

步骤 06 选择"横排文字工具" T ，设置字体为"思源黑体 CN"，颜色为"24373d"，在第一张图片的右侧输入商品介绍文字和"点击进入"文本。

步骤 07 选择"矩形工具" □ ，设置填充颜色为"#e35966"，并在"点击进入"文字下方绘制"170 像素 ×40 像素"的矩形，并修改文字颜色为"白色"。

步骤 08 选择第一张图片右侧的所有文字，按住【Alt】键不放，向下拖动复制文字，然后修改文字内容，如图 10-34 所示。

图10-34　复制并修改文字

步骤 09 完成后按【Ctrl+S】组合键保存文件，完成首页的制作（配套资源 :\ 效果 \ 第 10 章 \ 厨房用具店铺首页 .psd）。

步骤 10 使用相同的方法，制作移动端网店首页，主要包括海报、优惠券和促销板块，最终效果如图 10-35 所示。

图10-35　最终效果

10.3　设计厨房用具商品详情页

艾维厨房用具网店最近的主推商品是一款锅具，该锅具采用食品级304不锈钢，具有防粘、煎鱼不破、不惧铁铲、不挑炉灶、轻油少烟等卖点，为了增强消费者对该商品的兴趣，需要设计商品详情页。

↘ 10.3.1　案例分析

锅具商品详情页包括焦点图、卖点说明图、信息展示图、细节展示图4个部分。

- 焦点图：设计锅具焦点图时可呈现用锅具烹饪的场景画面，并配上"全面屏2.0为不粘而生"卖点文字，这既说明了材料性质，又体现了锅具"不粘"的特性。再加上品牌信息，可达到加深消费者对品牌印象的目的。
- 卖点说明图：锅具卖点说明图可通过图文结合的方式展现卖点，如食品级304不锈钢、煎鱼不破皮、不畏铁铲、不挑炉灶、轻油少烟等。
- 信息展示图：锅具的信息展示图主要用于展示消费者关注的锅具问题，如品牌、品名、材料、把手材质、包装规格等。
- 细节展示图：锅具的细节展示图主要用于展示锅具的细节，如手柄细节、锅盖细节、锅底细节等。

详情页完成后的参考效果如图10-36所示。

图10-36　详情页完成后的参考效果

10.3.2 设计实施

根据案例分析的思路，下面分别进行商品详情页焦点图、卖点说明图、信息展示图、细节展示图4个部分的设计，具体操作如下。

步骤 01 先设计焦点图。新建大小为"750像素 ×13735 像素"、分辨率为"72 像素／英寸"、名称为"商品详情页"的文件。

步骤 02 打开"详情页素材 1.png"素材文件（配套资源:\ 素材 \ 第 10 章 \ 详情页素材 1.png），将其拖动到文件中，调整大小和位置。

步骤 03 选择"横排文字工具" T，设置字体为"方正粗黑简体"，颜色为"#fe0000"，输入"AIWEI"文本；修改字体为"思源黑体 CN"，颜色修改为"#24373d"，输入"艾维"文本；修改字体为"方正粗谭黑简体"，颜色为"#23363c"，输入其他文字，完成焦点图的制作，效果如图 10-37 所示。

图10-37 焦点图效果

步骤 04 接下来制作卖点说明图。选择"矩形工具" □，设置填充颜色为"#272a2f"，并在焦点图下方绘制"750像素 ×470 像素"的矩形。

步骤 05 打开"矢量图素材"素材文件（配套资源:\ 素材 \ 第 10 章 \ 矢量图素材），将其拖动到矩形上方，调整其大小和位置。

步骤 06 选择"横排文字工具" T，设置字体为"思源黑体 CN"，颜色为"#d7d7d7"，并输入图 10-38 所示的文字，调整文字的大小和位置。

图10-38 输入文字1

步骤 07 打开"详情页素材 2.png"素材文件（配套资源:\ 素材 \ 第 10 章 \ 详情页素材 2.png），将其拖动到下方空白处，调整其大小和位置。

步骤 08 选择"横排文字工具" T，设置字体为"思源黑体 CN"，颜色为"#efeeef"，并输入图 10-39 所示的文字，调整文字的大小和位置。

步骤 09 打开"详情页素材 3.png、详情页素材 4.png"素材文件（配套资源:\素材\第 10 章\详情页素材 3.png、详情页素材 4.png），将其拖动到下方空白处，调整其大小和位置。

图10-39 输入文字2

步骤 10 选择"横排文字工具" T.，设置字体为"思源黑体 CN"，文字颜色修改为"#efeef0"，并输入图 10-40 所示的文字，调整文字的大小和位置。

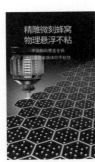

图10-40 制作其他图片

步骤 11 选择"矩形工具" □.，设置渐变填充颜色为"#030000~#979797"，并在下方空白处绘制"750 像素 ×1270 像素"的矩形，如图 10-41 所示。

步骤 12 打开"详情页素材 5.png"素材文件（配套资源:\素材\第 10 章\详情页素材 5.png），将其拖动到矩形下方，调整其大小和位置，并按【Ctrl+Alt+G】组合键创建剪贴蒙版，如图 10-42 所示。

图10-41 制作矩形　　图10-42 添加素材1

步骤 13 在"图层"面板中单击"添加图层蒙版"按钮 □ 添加图层蒙版，设置颜色为"黑色"选择"画笔工具" ✔.，设置画笔样式为"柔边圆"，大小为"448"，然后在图片上进行涂抹，使整个效果更加契合，如图 10-43 所示。

步骤 14 选择"横排文字工具" T.，设置字体为"思源黑体 CN"，颜色为"#efeeef"，并输入图 10-44 所示的文字，调整文字的大小和位置。

图10-43 添加图层蒙版　　图10-44 输入文字3

步骤 15 选择"矩形工具" □.，设置渐变填充颜色为"#1e1f21~#313037"，渐变角度为"-90°"，并在下方空白处绘制"750 像素 ×1120 像素"的矩形。

步骤 16 打开"详情页素材 6.png"素材文件（配套资源:\素材\第 10 章\详情页素材 6.png），将其拖动到矩形上方，调整其大小和位置，再按【Ctrl+Alt+G】组合键创建剪贴蒙版，如图 10-45 所示。

步骤 17 选择"横排文字工具" T ，设置字体为"思源黑体 CN"，颜色为"#efeef0"，并输入图 10-46 所示的文字，调整文字的大小和位置。

图10-45　添加素材2

图10-46　输入文字4

步骤 18 选择"矩形工具" □ ，设置填充颜色为"#efefef"，并在下方空白处绘制"750 像素 ×1200 像素"的矩形。

步骤 19 打开"详情页素材 7.png"素材文件（配套资源:\素材\第 10 章\详情页素材 7.png），将其拖动到矩形上方，调整其大小和位置，再按【Ctrl+Alt+G】组合键创建剪贴蒙版，如图 10-47 所示。

步骤 20 选择"横排文字工具" T ，设置字体为"思源黑体 CN"，颜色为"#6a6a6a"，并输入图 10-48 所示的文字，调整文字的大小和位置，完成卖点说明图的制作。

步骤 21 接下来制作信息展示图。选择"矩形工具" □ ，设置填充颜色为"#efefef"，并在下方空白处绘制"750 像素 ×1000 像素"的矩形。

步骤 22 再次选择"矩形工具" □ ，设置填充颜色为"#f6b847"，并在下方空白处绘制"350 像素 ×13 像素"的矩形。

步骤 23 选择"横排文字工具" T ，设置字体为"思源黑体 CN"，颜色为"#6a6a6a"，并输入图 10-49 所示的文字，调整文字的大小和位置。

图10-47　添加素材3

图10-48　输入文字5

参数/细节
体现在产品每一处细节

图10-49　添加素材并输入文字

步骤 24 打开"锅具矢量图 .png"素材文件（配套资源:\素材\第 10 章\锅具矢量图 .png），将其拖动到文字下方，调整其大小和位置，如图 10-50 所示。

步骤 25 选择"直线工具" ／ ，在工具属性栏中设置填充颜色为"#6a6a6a"，粗细为"2 像素"，然后沿着锅底部和右侧绘制直线，调整直线的长度和宽度。

步骤 26 选择"横排文字工具" T ，设置字体为"思源黑体 CN"，颜色为"#908c8a"，并输入图 10-51 所示的文字，调整文字的大小和位置。

图10-50 添加素材4

图10-51 绘制直线和输入文字

步骤 27 选择"矩形工具" □，设置填充颜色为"#6a6a6a"，并在产品参数下方绘制"750 像素 ×90 像素"的矩形，按住【Alt】键不放向下拖动，复制矩形，然后修改填充颜色为"白色"。再次复制矩形，修改填充颜色为"#f4f4f4"。使用相同的方法继续复制矩形，效果如图 10-52 所示。

步骤 28 选择"横排文字工具" T，在工具属性栏中设置字体为"思源黑体CN"，在矩形中输入图 10-53 所示的文字，设置第一排文字颜色为"白色"，其他文字颜色为"#9f9595"，完成信息展示图的设计。

步骤 29 最后制作细节展示图。再次选择"矩形工具" □，设置填充颜色为"#f6b847"，并在下方空白处绘制"350 像素 ×13 像素"的矩形。

步骤 30 选择"横排文字工具" T，设置字体为"思源黑体 CN"，颜色为"#6a6a6a"，并输入图 10-54 所示的文字，调整文字的大小和位置。

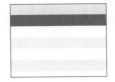

图10-52 绘制并复制矩形 图10-53 输入文字6

图10-54 绘制直线和输入文字

步骤 31 打开"详情页素材 8.png~ 详情页素材 10.png"素材文件（配套资源 :\ 素材 \ 第 10 章 \ 详情页素材 8.png~ 详情页素材 10.png），将素材拖动到文字下方，调整其大小和位置，如图 10-55 所示。

步骤 32 选择"横排文字工具" T，设置字体为"思源黑体 CN"，并设置第 1 屏和第 3 屏文字颜色为"白色"，中间文字颜色为"#313131"，输入图 10-56 所示的文字，调整文字的大小和位置，最后按【Ctrl+S】组合键保存文件，完成详情页的制作（配套资源 :\ 效果 \ 第 10 章 \ 商品详情页 .psd）。

图10-55 添加素材5 图10-56 输入文字7

10.4 制作厨房用具详情页视频

为了让消费者更直观地看到锅具商品的具体信息，艾维厨房用具网店准备继续为上新的锅具商品制作详情页视频，要求完整地展示锅具的外观、材质、不粘特性、炒菜效果等内容。

10.4.1 案例分析

由于商品详情页视频需要展示锅具的信息，因此网店美工需要先导入视频素材，查看并分析可以使用的素材后，对视频素材进行分割，删除多余视频片段，然后添加滤镜和转场效果，使其能完整、顺畅地展示锅具的卖点和使用场景。视频制作完成后的参考效果如图10-57所示。

图10-57 视频制作完成后的参考效果

微课：制作厨房用具
详情页视频

10.4.2 设计实施

根据案例分析的思路，先剪辑视频再为视频添加各种效果，具体操作如下。

步骤 01 打开剪映视频剪辑软件，在页面上方单击"开始创作"按钮💠，如图10-58所示，打开剪映视频剪辑界面。

图10-58 单击按钮

步骤 02 在剪映视频剪辑界面左上角单击"导入"按钮💠，打开"打开"对话框，选择"详情页视频.mp4"素材文件（配套资源:\素材\第10章\详情

页视频.mp4），单击 打开(O) 按钮，然后在界面左上角显示导入的视频。使用鼠标选择视频，按住鼠标左键不放，将视频拖动到时间轴上，方便编辑视频，如图10-59所示。

步骤 03 在"项目时间轴"面板中将时间指针拖至"00:01:22"位置处，单击"分割"按钮🗓，将视频分割为2段，如图10-60所示。

步骤 04 在"项目时间轴"面板中将时间指针拖至"00:02:28"位置处，按【Ctrl+B】组合键分割视频，再依次在"00:07:03""00:10:03""00:51:29"位置处分割视频，如图10-61所示。

图10-59　添加视频

图10-60　分割视频1

图10-61　分割视频2

步骤 05 选择最后一段视频片段，单击"删除"按钮 ▢ ，删除选择的视频，如图 10-62 所示。

图10-62　删除视频1

步骤 06 使用相同的方法，依次删除第

2 段、第 4 段视频，如图 10-63 所示。

图10-63　删除视频2

步骤 07 选择第 1 段视频片段，在界面右上角单击"变速"选项卡，再在"时长"栏中设置时长为"2.5s"，如图 10-64 所示，完成后按【Enter】键。

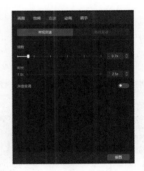

图10-64　设置第1段视频时长

步骤 08 使用相同的方法将第 2 段视频片段的时长设置为"6.0s"，如图 10-65 所示。

图10-65　设置第2段视频时长

步骤 09 选择第3段视频片段，将其拖至"00:52:14"位置处，如图10-66所示。

图10-66 调整视频片段位置

步骤 10 将时间指针移动到第1段视频片段和第2段视频片段中间，在左上角单击"转场"选项卡，在下方列表单击"叠化"转场，然后单击■按钮，将转场添加到轨道中，如图10-67所示。

图10-67 添加转场

步骤 11 选择添加的转场，在右上角的面板中设置转场时长为"0.5s"，如图10-68所示。

步骤 12 在轨道左侧单击 封面 按钮，打开"封面选择"对话框，在其中选择一张图片作为封面图片，这里选择第一张图片，完成后单击 去编辑 按钮，如图10-69所示。

示。若没有合适的图片，可单击"本地"选项卡，在其中选择合适的图片。

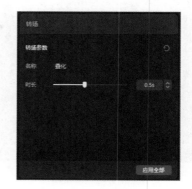

图10-68 设置转场时长

图10-69 选择封面

步骤 13 打开"封面设计"对话框，左侧罗列了系统提供的样式，这里单击第2排第3种样式，可发现右侧自动显示选择的样式效果，单击白色文本框，将文字修改为"AIWEI"，再选择黄色文字，将文字修改为"AIWEI艾维"，再选择左侧多余的文字样式，按【Delete】键删除，完成后单击 完成设置 按钮，完成封面设置，如图10-70所示。

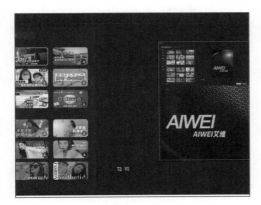

图10-70　编辑封面

图10-72　调整音频速度

步骤 14 将时间指针移动到视频片头，并在左上角单击"音频"选项卡，在其下方列表中单击"But U"右侧的■按钮，下载音频，然后单击■按钮，将音频添加到轨道中，如图 10-71 所示。

图10-71　添加音频

步骤 15 选择添加的音频，在"音频"面板中单击"变速"选项卡，设置倍数为"1.1x"，完成后按【Enter】键，如图 10-72 所示。

步骤 16 在操作界面右侧单击 按钮，在打开的页面中填写作品名称，并选择导出位置后，单击选中"封面添加至视频片头"复选框，单击 按钮完成导出操作，如图 10-73 所示（配套资源 \ 效果 \ 第10章 \ 锅详情页视频 .mp4、锅详情页视频－封面 .jpg）。导出完成后，打开相应文件夹可查看保存的视频和封面图片，如图 10-74 所示。

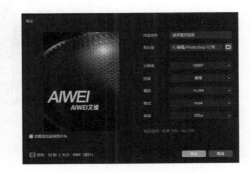

图10-73　设置导出名称和位置

图10-74　导出视频和封面

<h1>10.5　设计厨房用具网店推广图</h1>

艾维厨房用具网店为了达到推广的目的，准备为一款不粘锅制作直通车推广图，以方便推广商品和网店引流。

10.5.1　案例分析

厨房用具网店推广图的分析如下。

- 设计规划：为了使推广图更具带入感，在素材选择上可选择不粘锅的使用场景画面作为背景。制作推广图的目的是引流，因此卖点的体现是设计的重点，经过分析发现"不粘""电磁炉燃气灶通用""优惠"是引流的关键，在设计时可添加"粘锅包退""电磁炉燃气灶通用"等文字展示不粘锅的卖点。同时，为了体现价格的优惠，还可以添加商品的促销信息和价格信息。

- 内容布局：为了避免文字遮挡商品，在设计时可采用上下构图方式，在画面左上角输入商品信息，在画面下方输入优惠信息，以便消费者查看。

不粘锅直通车推广图完成后的参考效果如图10-75所示。

图10-75　不粘锅直通车推广图完成后的参考效果

微课：设计厨房用具店铺推广图

10.5.2　设计实施

根据案例分析的思路，制作不粘锅直通车推广图，具体操作如下。

步骤 01 新建大小为"800像素×800像素"、分辨率为"72像素/英寸"、名为"不粘锅直通车推广图"的文件。

步骤 02 打开"推广图素材.png"素材文件（配套资源:\素材\第10章\推广图素材.png），将其拖动到"不粘锅直通车推广图"文件中，调整其大小和位置，如图10-76所示。

图10-76　添加素材

步骤 03 选择"横排文字工具" T，在工具属性栏中设置字体为"方正粗黑宋简体"，颜色为"#fdfdfd"，然后输入"粘锅包退"文字，调整文字的大小和位置，如图 10-77 所示。

图10-77　输入文字1

步骤 04 选择"圆角矩形工具" ▢，绘制颜色为"#ffffff"、半径为"30 像素"、大小为"360 像素 ×60 像素"的圆角矩形。

步骤 05 选择"横排文字工具" T，在工具属性栏中设置字体为"思源黑体CN"，颜色为"#24373d"，然后输入"电磁炉燃气灶通用"文字，调整文字的大小和位置，如图 10-78 所示。

图10-78　输入文字2

步骤 06 选择"矩形工具" ▢，设置填充颜色为"#24373d"，并在图像下方绘

制大小为"800 像素 ×100 像素"的矩形，如图 10-79 所示。

图10-79　绘制矩形

步骤 07 新建图层，选择"钢笔工具" ✎，在矩形的上方绘制图 10-80 所示的形状，并填充为"白色"。

图10-80　绘制形状

步骤 08 双击形状图层右侧的空白区域，打开"图层样式"对话框，单击选中"描边"复选框，设置大小、颜色分别为"2像素""#24373d"，如图 10-81 所示。

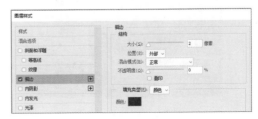

图10-81　设置描边参数

步骤 09 再次单击选中"投影"复选框，

设置颜色、不透明度、距离、大小分别为"黑色""75%""5 像素""5 像素"，然后单击 确定 按钮。

步骤 10 选择"圆角矩形工具" ，设置填充颜色为"黑色"，半径为"30 像素"，并在右下角绘制"295 像素 ×150 像素"的圆角矩形，如图 10-82 所示。

图10-82 绘制圆角矩形

步骤 11 选择"横排文字工具" ，设置字体为"方正粗黑宋简体"，颜色为"白色"，并输入图 10-83 所示的文字，调整文字的大小，然后修改"真平底 凸底白送"文字的颜色为"#24373d"。

图10-83 输入文字3

步骤 12 双击"下单立减10元"图层右侧的空白区域，打开"图层样式"对话框，单击选中"投影"复选框，设置颜色、距离、大小分别为"#fb0000""3 像素""0 像素"，如图 10-84 所示，然后单击 确定 按钮。

图10-84 设置投影参数

步骤 13 按【Ctrl+S】组合键保存文件，完成不粘锅直通车推广图的制作（配套资源:\ 效果 \ 第 10 章 \ 不粘锅直通车推广图 .psd），如图 10-85 所示。

图10-85 查看完成后的效果

课后练习

（1）使用提供的素材（配套资源:\素材\第10章\婚纱店铺首页素材\）制作婚纱网店首页，要求风格简洁、大方，以商品展示为主，参考效果如图10-86所示（配套资源:\效果\第10章\婚纱店铺首页.psd）。

（2）使用提供的素材（配套资源:\素材\第10章\女包详情页素材.psd）制作女包详情页，要求展示商品的卖点、颜色和细节，参考效果如图10-87所示（配套资源:\效果\第10章\女包详情页.psd）。

图10-86　婚纱网店首页效果

图10-87　女包详情页效果

（3）使用提供的素材（配套资源:\素材\第10章\音箱.psd），制作一个以促销为主的直通车推广图，要求体现促销的手段、主题（这里为"双11"）和促销活动的时间等信息，参考效果如图10-88所示（配套资源:\效果\第10章\音箱直通车.psd）。

（4）使用提供的素材（配套资源:\素材\第10章\女包\），制作女包视频，要求在视频中添加文字和声音，并设置转场效果，参考效果如图10-89所示（配套资源:\效果\第10章\女包.mp4）。

图10-88　音箱直通车推广图效果

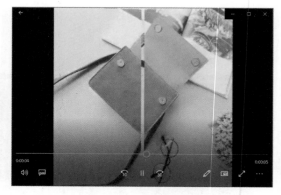

图10-89　女包视频效果